高等职业教育机电类专业系列教材

AutoCAD 实训教程

主　编　郭维昭　文　颖

副主编　陈勇亮　陈　刚　易丽芬

参　编　肖　莹　徐妍清　邱　江

　　　　柳志林　刘天祥　李志涛

主　审　刘小群

机械工业出版社

本教材以 AutoCAD 2012 版为平台，采用项目式教学的方式编排内容，项目从简单到复杂。本教材共分 13 个项目，首先从简单平面图形的绘制入手介绍 AutoCAD 的基本绘图命令和编辑命令，继而介绍如何利用 AutoCAD 的高级编辑命令绘制中等复杂的平面图形，以及图样的基本尺寸标注和机械图样的公差标注，最后 4 个项目简单介绍三维实体建模入门知识。每个项目由学习目标、项目任务、项目知识点和综合运用 4 个部分组成。每个项目对精心挑选的与项目相关的知识点进行详细讲解和实操演练，知识点和案例都有相应的教学视频，并以二维码的形式植入教材中，以方便读者使用。

通过本教材的学习和训练，学生能够掌握 AutoCAD 二维平面图形绘制和三维建模的基本知识，达到机械、建筑、电子等工程技术人员对机械制图绘制的要求。本教材建议学时数为 48 左右。

本教材适合高等职业院校机电类相关专业学生使用，也可供相关从业人员参考。

本教材配有电子课件，凡使用本教材的教师可登录机械工业出版社教育服务网（http://www.cmpedu.com）下载。咨询电话：010-88379375。

图书在版编目（CIP）数据

AutoCAD 实训教程/郭维昭，文颖主编. —北京：机械工业出版社，2019.4（2023.8 重印）

高等职业教育机电类专业系列教材

ISBN 978-7-111-61767-9

Ⅰ.①A…　Ⅱ.①郭…　②文…　Ⅲ.①AutoCAD 软件-高等职业教育-教材　Ⅳ.①TP391.72

中国版本图书馆 CIP 数据核字（2019）第 006322 号

机械工业出版社（北京市百万庄大街 22 号　邮政编码 100037）
策划编辑：赵志鹏　责任编辑：于奇慧
责任校对：李　杉　封面设计：马精明
责任印制：单爱军
北京虎彩文化传播有限公司印刷
2023 年 8 月第 1 版第 9 次印刷
184mm×260mm · 12.5 印张 · 306 千字
标准书号：ISBN 978-7-111-61767-9
定价：39.00 元

电话服务　　　　　　　　　　　网络服务
客服电话：010-88361066　　　机 工 官 网：www.cmpbook.com
　　　　　010-88379833　　　机 工 官 博：weibo.com/cmp1952
　　　　　010-68326294　　　金 书 网：www.golden-book.com
封底无防伪标均为盗版　　　　机工教育服务网：www.cmpedu.com

前　言

　　AutoCAD 具有强大的功能，能应用于多个行业。本教材主要是针对机械行业图样绘制标准来进行介绍，并配有相应的教学视频和在线开放课程。

　　本教材分为二维平面图形绘制及尺寸标注、机械图样绘制及标注和三维建模 3 大部分，采用项目式教学的方式编排内容，共 13 个项目。项目一介绍软件的界面及文件管理等基本知识；项目二至项目五介绍平面二维图形的绘制及基本尺寸标注；项目六介绍零件图绘制及尺寸、公差标注；项目七介绍装配图的绘制；项目八介绍等轴测图的绘制及尺寸标注；项目九介绍图形打印；项目十至项目十三介绍三维实体的创建。每个项目由学习目标、项目任务、项目知识点和综合运用 4 个部分组成。每个项目均针对相应的知识点进行了详细讲解，项目从简单到复杂。在项目后附有相应的项目拓展，可供学生加强练习。

　　通过本教材的学习和训练，学生能够掌握 AutoCAD 二维图形绘制和三维建模的基本知识，达到机械、建筑、电子等工程技术人员对机械制图绘制的要求。本教材建议学时数为 48 左右。

　　本教材的主要特点如下：

　　1. 每个项目采用知识点和实例相结合，重要命令辅以教学视频。

　　2. 配有省级精品在线开放课程，通过扫描二维码，读者可以登录"超星学习通"对应选修班进行自主学习。

　　3. 所有图样的绘制都采用最新的国家标准，包括颜色、线型、字体等。

　　4. 项目所选用的图都是精心挑选的简单图形，容易掌握，特别适合初学者作为入门教材。

　　5. 项目二至项目五为平面图形绘制及标注，这部分内容不需要学生具有机械制图基础，可供非专业人员进行入门级自学。

　　本教材由郭维昭、文颖任主编，陈勇亮、陈刚、易丽芬任副主编，参加编写的还有肖莹、徐妍清、邱江、柳志林、刘天祥、李志涛。全书由郭维昭统稿，由江西工业工程职业技术学院刘小群教授审稿。

　　本教材适合高等职业院校机电类相关专业学生使用，也可供相关从业人员参考。

　　由于编者水平有限，书中难免存在错误及疏漏之处，恳请读者批评指正。

编　者

目 录

项目一

绘图前准备

学习目标

- 认识并熟悉 AutoCAD 软件的工作界面
- 熟练掌握 AutoCAD 图形文件管理
- 熟悉 AutoCAD 的基本操作方法和操作技巧

项目任务

新建图形文件，保存文件名为"学号+姓名 1.dwg"；切换工作空间到"AutoCAD 经典"模式；设置长度数据类型为小数，精度为"0"；设置图形界限左下角点为坐标原点，大小为 297mm×210mm；不显示超出界限的栅格；设置文件自动保存时间间隔为 5min；打开正交模式。结果如图 1-1 所示。

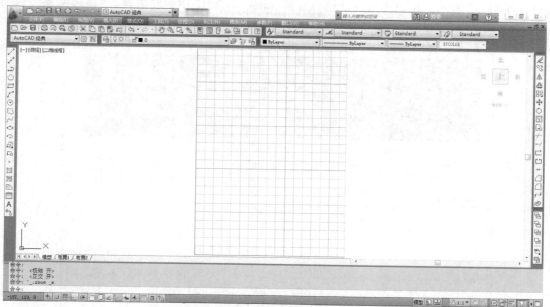

图 1-1 绘图前准备

 **项目知识点**

1.1 认识并熟悉 AutoCAD 软件的工作界面

1.1.1 AutoCAD 简介

AutoCAD 是美国 Autodesk 公司于 1982 年首次发布的计算机辅助设计软件，经过不断的改进与完善，现已经成为国际上广为流行的绘图软件，被广泛应用于建筑、测绘、机械、电子、造船和汽车多个行业。

AutoCAD 软件是机械行业从业者必须掌握的基本软件之一。要学习使用 AutoCAD 软件绘制简单的平面图形，先要从认识并熟悉 AutoCAD 软件的工作界面和绘图环境开始。可从直线、多段线等简单绘图命令及撤销、重做、对象选择、删除等简单的编辑命令开始。

运用 AutoCAD 软件之前，首先要熟悉 AutoCAD 的启动和退出，以及 AutoCAD 的工作界面和基本布局。

1.1.2 启动 AutoCAD

【启动方法】

方法一：单击 Windows 任务栏上的 图标，选择"所有程序"选项，从级联菜单中单击"Autodesk/AutoCAD 2012-Simplified Chinese/AutoCAD 2012"。

方法二：双击桌面上 AutoCAD 2012 的快捷方式图标 ，启动 AutoCAD。

方法三：单击计算机任务栏中的 AutoCAD 2012 图标，启动 AutoCAD。

方法四：找到相应的".dwg"或".dwt"格式图形文件，双击启动 AutoCAD。

第一次启动 AutoCAD 2012，在连接互联网的状态下，系统将会弹出 Autodesk Exchange 窗口，如图 1-2 所示。用户可以在该窗口看到 AutoCAD 2012 中的新内容。"精选视频"包括

图 1-2　Autodesk Exchange 窗口

新特性、漫游用户界面、将二维对象转换为三维、创建和修改曲面、Content Explorer 概述；"精选主题"包括模型文档、关联阵列、多功能夹点、AutoCAD WS、命令行自动完成。另外，通过该窗口可以直接查看帮助信息，同时还可以选择每次启动 AutoCAD 时是否显示该窗口。

1.1.3　AutoCAD 界面

打开 AutoCAD 之后，AutoCAD 都会新建一个 DrawingX.dwg 的绘图文件，这时可以开始在这张新图上绘制图形，并在随后操作中执行文件保存或另存为命令，将这张新图保存成图形文件。图 1-3 所示为"AutoCAD 经典"模式工作界面，包括标题栏、菜单栏、工具栏、命令提示窗口、状态栏、绘图区域等。

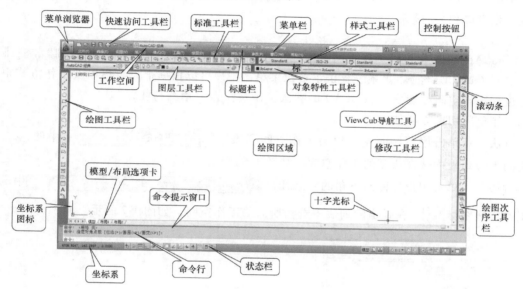

图 1-3　"AutoCAD 经典"模式工作界面

1. "应用程序"菜单栏

"应用程序"图标位于 AutoCAD 窗口左上角，单击该图标，可以打开"应用程序"菜单，通过菜单可以执行新建、打开、保存、另存为、输出、打印和发布文件等操作。打开"应用程序"菜单后，在其右侧会显示最近使用过的文档的列表，如图 1-4 所示。

2. "快速访问"工具栏

"快速访问"工具栏位于工作界面的最上方一行，用于显示当前运行文件的文件名和常用工具，如图 1-5 所示。如果是默认的 CAD 图形文件，则文件名为 DrawingX.dwg（X 为数字，如 Drawing1.dwg）。

新建：单击 图标，可以新建一个工作文件。

打开：单击 图标，可以打开一个已经存储过

图 1-4　"应用程序"菜单

图 1-5 "快速访问"工具栏

的文件。

保存：单击 ▣ 图标，可以保存当前图形文件。

另存为：单击 ▣ 图标，可以将当前文件另存为新文件。

打印：单击 ▤ 图标，可以将图形输出到打印机、绘图仪或文件。

单击"快速访问"工具栏最右方 图标，分别可最小化、恢复窗口大小或最大化窗口和关闭软件。

3. 工作空间

AutoCAD 2012 提供的工作空间有四种，分别是："草图与注释""三维基础""三维建模"和"AutoCAD 经典"。系统提供了下拉菜单，用户可以根据个人习惯以及工作方式很方便地进行工作空间的切换。AutoCAD 的默认工作空间为"草图与注释"。

工作空间切换方法如下。

方法一：单击用户界面左上角的工作空间列表图标 中的 ▼，在弹出的下拉列表中选择所需的工作空间，如图 1-6 所示。

方法二：单击用户界面右下角的状态托盘 中的切换工作空间图标，在弹出的列表中选择所需的工作空间，如图 1-7 所示。

图 1-6 工作空间下拉列表

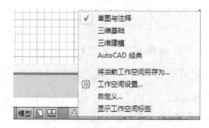

图 1-7 切换工作空间

4. 菜单栏

AutoCAD 中的菜单采用下拉式。在"AutoCAD 经典"模式中包括文件、编辑、视图、插入、格式、工具、绘图、标注、修改、参数、窗口、帮助等菜单项。单击其中某一菜单项，会显示其下拉菜单，如图 1-8 所示。单击下拉菜单中的命令可执行相应的操作。通过菜单选项可以执行 AutoCAD 的大部分命令。

5. 绘图区域

绘图区域是整个 AutoCAD 工作界面的中间大片空白区域，也可称为绘图窗口，类似于绘图图纸，是用户使用 AutoCAD 绘制、编辑、显示所绘图形的区域。

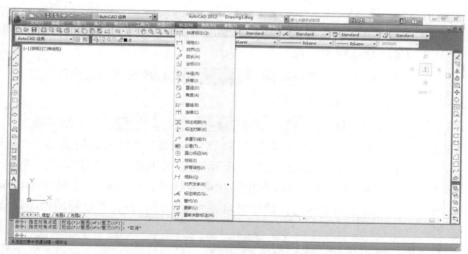

图 1-8 菜单栏

6. 命令提示窗口

命令提示窗口默认位于绘图区域的下方，是显示用户输入命令及命令的执行过程、系统变量、命令选项、信息和提示的区域。命令提示窗口默认显示 3 行。命令提示行显示有命令提示符"命令:"，表示系统处于接受命令的状态。在命令提示行上方默认有 2 行已经被执行完毕的命令。用户在命令提示窗口左侧深色区域按住鼠标左键进行移动，可以拖曳窗口到用户指定的位置。

命令提示窗口可以扩大或缩小显示：将光标放在命令提示窗口与绘图区域的分界处，待光标形状变成上下箭头形状后，按住鼠标左键向上或向下拖动，就可以调整命令提示窗口区域的大小。可按功能键 F2 进行命令提示窗口与文本窗口的转换。通过改变窗口大小，可改变命令提示行的显示行数，用户可以很方便地查阅自己所使用过的命令，如图 1-9 所示。

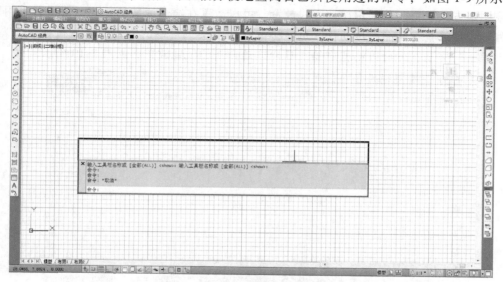

图 1-9 命令提示窗口

7. 状态栏

状态栏位于 AutoCAD 工作界面最下方，主要用于显示光标的坐标值、精确绘图辅助工具、导航工具及切换注释比例等工具。

位于状态栏左下角的 3 个数字 4708.6047, 162.2997 , 0.0000 所显示的是当前状态下十字光标在世界坐标系中的 X、Y、Z 绝对坐标值。

状态栏中间的一系列图标 依次为"约束""捕捉""栅格""正交""极轴追踪""对象捕捉""三维对象捕捉""对象捕捉追踪""允许/禁止动态 UCS""动态输入""显示/隐藏线宽""显示/隐藏透明度""快捷特性""选择循环" 14 个功能选项卡。单击某个选项卡可以对相应功能进行开、关切换，功能打开时选项卡为高亮状态，功能关闭时选项卡为灰色。通过对这些功能的开、关，可以辅助绘图人员完成图形的精确绘图。

状态栏右边的一系列图标 为状态托盘。状态托盘集中了一些常见的显示工具和注释工具，通过这些工具可以控制图形或绘图区域的状态。这些图标依次是："3 个模型或图纸空间""快速查看布局""快速查看图形""注释比例""注释可见性""自动添加注释""切换工作空间""锁定""硬件加速""隔离对象""应用程序状态栏菜单""全屏显示"。

8. 工具栏

工具栏是 AutoCAD 所有工具按钮的集合，包括"标准"工具栏、"图层"工具栏、"对象特性"工具栏、"绘图"工具栏、"修改"工具栏等共计 53 个工具栏。一般系统默认打开的工具栏有"标准"工具栏、"图层"工具栏、"对象特性"工具栏、"绘图"工具栏、"修改"工具栏、"样式"工具栏、"绘图次序"工具栏。将光标移至某个工具栏按钮上时，1～2s 后会显示相应的工具按钮名称，单击按钮就可以执行相应的命令。在工具栏上任意一处单击鼠标右键，就可从弹出的快捷菜单中选择需要的工具栏并打开。打开的工具栏可以采用浮动或固定方式放置，若采用浮动方式放置，可以放置在绘图区域的任意位置；若采用固定方式放置，可放置在绘图区域的任一边。将鼠标移至某工具栏的非按钮区，按住鼠标左键，出现虚线框时拖动，就可以将相应的工具栏拖动到新的位置放置，如图 1-10 所示。

图 1-10　工具栏

1.2　AutoCAD 图形文件管理

常用的图形文件操作主要有新建图形文件、打开图形文件、保存图形文件、自动备份与恢复备份文件、退出程序等。

1.2.1　新建图形文件

【命令启动方法】
- 菜单栏："文件"→"新建"。
- 工具栏：单击"标准"工具栏上 图标。
- 命令：NEW 或组合键 Ctrl+N。

【操作方法】
输入：NEW→空格→在"选择样板"对话框中以系统样板文件"acadiso.dwt"创建新文件→左键单击"打开"按钮，如图 1-11 所示。系统将创建默认文件名为"DrawingX.dwg"的图形文件。

图 1-11　"选择样板"对话框

1.2.2　打开图形文件

【命令启动方法】
- 菜单栏："文件"→"打开"。
- 工具栏：单击"标准"工具栏上 图标。
- 命令：OPEN 或组合键 Ctrl+O。

【操作方法】
输入：OPEN→空格（弹出"选择文件"对话框）→在"文件类型"下拉列表中选择".dwg"或".dwt"文件→在该对话框中的图形文件列表框中选中要打开的图形文件→左键单击"打开"按钮，如图 1-12 所示。

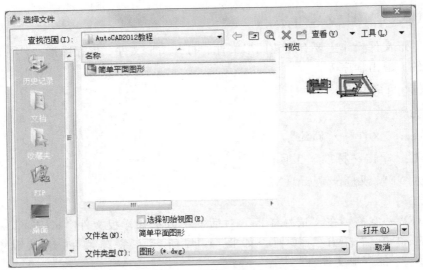

图 1-12 "选择文件"对话框

1.2.3 保存图形文件

【命令启动方法】

- 菜单栏："文件"→"保存"。
- 工具栏：单击工具栏上 ▣ 图标。
- 命令：SAVE（或 QSAVE）或组合键 Ctrl+S。

【操作方法】

输入：SAVE→空格（弹出"图形另存为"对话框）→在"保存于"文本框中为图形文件指定保存的路径→在"文件名"文本框中为图形文件指定文件名，也可以在"文件类型"下拉列表中选择保存文件的类型→左键单击"保存"按钮，如图 1-13 所示。

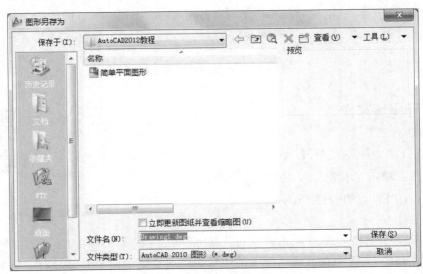

图 1-13 "图形另存为"对话框

1.2.4　自动备份文件

【命令启动方法】

● 命令：SAVETIME。

为防止断电或计算机系统故障导致丢失所绘的图形内容，可将图形文件
设置为自动保存，并利用系统变量 SAVETIME 指定隔多长时间将图形文件进行自动保存，
如图 1-14 所示。

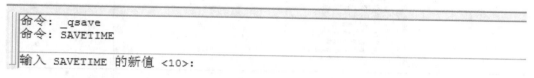

图 1-14　SAVETIME 系统变量

● 菜单栏："工具"→"选项"。

执行"工具"菜单中的"选项"命令，在弹出的"选项"对话框中选择"打开和保
存"选项卡，在"文件安全措施"选项区域中选中"自动保存"复选框，设置每隔多长时
间进行自动保存，如设置为 10，则系统将每隔 10min 自动保存文件，如图 1-15 所示。

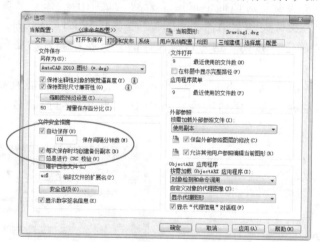

图 1-15　自动保存时间间隔设置

系统默认自动保存文件的路径为 C：\Users\Administrator\appdata\local\temp\，其中 Ad-
ministrator 是系统用户名。用户可以根据自己的需要更改文件的保存位置。改变保存位置的
方法是：执行"工具"菜单中的"选项"命令，在弹出的"选项"对话框中选择"文件"
选项卡，展开"自动保存文件位置"选项，单击对话框右侧的"浏览"按钮进行设置，如
图 1-16 所示。

1.2.5　恢复备份文件

在使用过程中可能会遇到系统出错或断电等情况而造成文件丢失，如果之前设定了系统
自动保存，这时就可以将备份文件找出进行图形恢复。AutoCAD 自动保存的文件属性是隐
藏属性，所以在恢复图形文件之前先要设定显示系统中的隐藏文件。

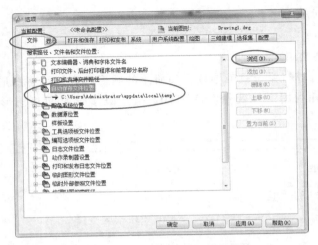

图 1-16 自动保存文件位置设置

【操作方法】

打开"我的电脑",选定"工具"菜单项下的"文件夹选项",如图 1-17 所示。

在弹出的"文件夹选项"对话框中选定"查看"选项卡,在"高级设置"列表框中勾选"显示隐藏的文件、文件夹和驱动器",去除"隐藏已知文件类型的扩展名"的勾选,如图 1-18 所示,单击"确定"按钮。这时自动保存的具有隐藏属性的备份文件及其扩展名都将显示出来。

备份文件的默认扩展名为".bak"或".sv$",这种文件不能直接用 AutoCAD 打开。在文件名上双击鼠标左键,将扩展名改为 AutoCAD 图形文件的扩展名".dwg",即可打开备份文件。

图 1-17 "工具"菜单

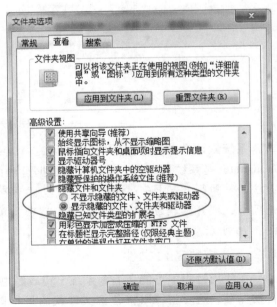

图 1-18 查看隐藏文件

1.2.6 退出 AutoCAD

可以通过如下几种方式退出 AutoCAD：

方法一：单击工作界面右上角的关闭图标 ⊠ 。

方法二：在命令行输入"Exit"或者"Quit"命令并按 Enter 键。

方法三：单击应用程序按钮并选择关闭。

方法四：键盘组合键 Ctrl+Q 或者 Alt+F4。

1.3 AutoCAD 基本操作

AutoCAD 具有很好的用户界面，通过交互式菜单或命令行可以进行各种操作，具有灵活应用的弹性和易用性。

1.3.1 AutoCAD 的命令执行方式

在 AutoCAD 中，用户可以通过命令提示行、功能区按钮或菜单栏等多种方式执行命令，在执行命令后，还可以快速重复执行命令或撤销命令。

1. 使用鼠标操作执行命令

在 AutoCAD 中，单击或按住并拖动鼠标时，都有相应的命令或动作被执行。在 AutoCAD 中，鼠标操作是有一定规则的。

单击鼠标左键，用于指定屏幕上的点，或选择图形对象、工具栏图标和菜单项等。

单击鼠标右键与 Enter 键作用相当，在命令状态下用于结束当前命令操作，或弹出当前绘图状态下的快捷菜单。

当使用 Shift 键+鼠标右键的组合时，将弹出快捷菜单，用于设置捕捉点的方法。

2. 使用命令提示行执行命令

用户在命令提示行的命令提示符"命令:"后面输入命令后，按 Enter 键或空格键执行命令。在输入命令的过程中，AutoCAD 系统会根据输入的字符弹出相应的一个命令索引列表，供用户选择所需要的命令。

3. 使用菜单执行命令

在 AutoCAD 中还可以通过选择菜单栏中主菜单项下的子菜单项执行相应的命令，菜单中选择执行的命令同时都会反映到命令行中。在使用菜单时，如菜单项后方有"▶"，表示有级联菜单，需要打开子菜单项来选择相应的命令；如菜单项后方有"…"，表示选择该菜单项后，将弹出对话框。

4. 使用快捷菜单执行命令

在 AutoCAD 中提供有快捷菜单，快捷菜单比命令行操作更快捷。在窗口任一位置或某对象上单击鼠标右键，会弹出对应于该位置或对象的快捷菜单。对于不同的对象，弹出的快捷菜单内容也不同。

在没有执行命令或选中对象的状态下，在窗口中绘图区域任意一处单击鼠标右键都会弹出如图 1-19 所示的默认快捷菜单。

当选中某对象后，单击鼠标右键，将弹出编辑模式的快捷菜单，其中大多为编辑该对象的相关命令。图 1-20 所示为选中图形对象圆后，单击鼠标右键所弹出的快捷菜单。

图 1-19　默认快捷菜单

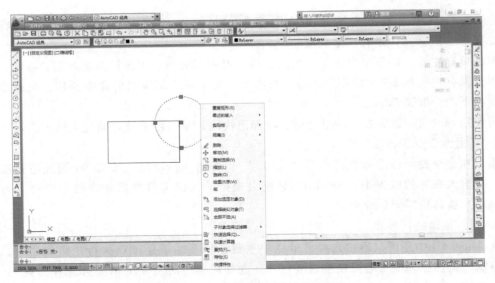

图 1-20　选中图形对象圆的快捷菜单

5. 使用工具栏执行命令

在 AutoCAD 中可以通过单击工具栏中相应的图标按钮来执行命令，这种方法是在操作中最常用的方法。当图标右下角有小黑三角形时，表明在图标上按住鼠标左键不松开，会弹出下拉菜单。如 图标，用鼠标左键按住后将弹出 ，拖动鼠标可选择其中一个图标，执行相应的命令。

1.3.2　AutoCAD 的命令操作技巧

在 AutoCAD 绘图过程中，如果能掌握一些技巧，可以提高绘图的效率。常用的操作技巧如下。

1．重复命令

在 AutoCAD 中，执行完一个命令后，如果要重复执行该命令，按 Enter 键或空格键即可，无须再次输入该命令或单击对应的命令按钮。

2．使用最近输入的命令

在绘图中常会有相同的命令需要多次操作，如绘制圆、矩形等，可以直接在近期输入列表中选择最近使用过的命令，而不需要再次输入。如图 1-21 所示，在命令状态，在绘图区域单击鼠标右键，在弹出的快捷菜单中选择"最近的输入"，再在级联菜单列表中选择一个近期的输入项。

3．取消命令

需要中止误操作执行的某个命令时，可以直接按键盘左上角的 Esc 键，取消当前命令并结束命令。

4．撤销命令

在图形的绘制过程中，难免会有错误操作。这时，可以通过撤销命令恢复到上一步操作。

图 1-21　最近输入命令

【命令启动方法】

- 菜单栏："编辑"→"放弃"。
- 工具栏：单击标准工具栏上 图标。
- 命令：UNDO（快捷键 U 或组合键 Ctrl+Z）。

5．重做命令

当撤销命令后，若想恢复刚撤销的命令，可以通过重做进行恢复。

【命令启动方法】

- 菜单栏："编辑"→"重做"。
- 工具栏：单击标准工具栏上 图标。
- 命令：REDO。

1.4　设置绘图环境

设置绘图环境是计算机辅助绘图的第一步，绘制任何正规的工程图样都需要先设置绘图环境。在绘制机械图样时，确定好零件的绘图比例后，就应该选择合适的图幅。借助 Auto-CAD 进行绘制前，应设置绘图单位、相关的图层和对象属性。机械图样一般以毫米（mm）为单位绘制。

1.4.1　单位的设置

在绘图时可以将绘图单位视为被绘制对象的实际单位，如毫米（mm）、厘米（cm）、米（m）等。用户可根据需要设置绘图的单位和精度等。

【命令启动方法】

- 菜单栏："格式"→"单位"。
- 应用程序 →"图形实用工具" →"单位"。
- 命令：UNTICS 或快捷键 UN。

【操作方法】

按上述任一命令启动方法调用命令后，系统将弹出"图形单位"对话框，如图1-22所示。在"图形单位"对话框的"长度"栏中可设置长度的数据类型和精度。默认的长度数据类型为"小数"，精度取"0.0000"。

在"角度"栏中，可选择角度的数据类型、精度和角度的测量方向。默认的角度数据类型为"十进制度数"，精度为"0"。默认的角度测量方向以逆时针为正（若选择"顺时针"复选框，则角度测量方向以顺时针方向为正方向）。在"插入时的缩放单位"栏中，可控制插入到当前图形中的块和图形的测量单位。"输出样例"栏显示用当前长度和角度设置的例子。

"光源"栏用于指定光源强度的单位，控制当前图形中光源的强度测量单位。

单击"方向"按钮可弹出"方向控制"对话框，如图1-23所示。用户可根据需要从中选择角度的基准方向。系统默认的角度基准方向为正东方向。单击"确定"按钮，完成单位设置。

图1-22 "图形单位"对话框

图1-23 "方向控制"对话框

1.4.2　图形界限的设定

AutoCAD的绘图空间是无限大的，绘图时可以设定窗口中绘图区域的大小。事先对绘图区域的大小进行设定将有助于用户了解图形分布的范围。

【命令启动方法】

- 菜单栏：单击"格式"→"图形界限"。
- 命令：LIMITS。

【操作方法】

输入：LIMITS→空格→输入左下角点的坐标→空格→输入右上角点的坐标→空格。

【命令选项】

- 开（ON）表示打开图形界限检查功能。该功能用来检查用户输入的点是否在所设置的图形界限内，拒绝绘制在图形界限范围之外的点，保证所绘制的图形都在图形界限范围内。

- 关（OFF）表示关闭图形界限检查功能。AutoCAD在默认状态下，图形界限检查功能是关闭的。

【实例】 用 LIMITS 命令设定 200×200 的绘图区域。

操作步骤：

1）左键单击菜单栏上"格式"→"图形界限"；

2）指定左下角点：输入"0，0"；

3）指定右上角点：输入"200，200"；

4）将光标移动到状态栏，右键单击 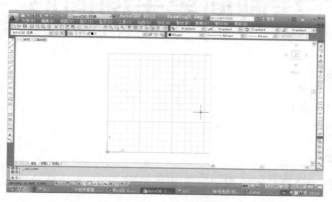 图标，选择"设置"选项，打开"草图设置"对话框，取消对话框右下角"显示超出界限的栅格"复选项的选择；

5）关闭"草图设置"对话框，按功能键 F7 打开栅格显示，效果如图 1-24 所示。

图 1-24 设定 200×200 图形界限

1.4.3 快速缩放和平移图形

1. 快速缩放

将图形对象快速缩放，在当前绘图区域能观察到全部图形对象。

【操作方法】

双击鼠标中间的滚轮，可以快速使绘图区域内绘制的图形全部显示在屏幕内。推动滚轮向上滚动，视点拉近，图形显示变大；推动滚轮向下滚动，视点推远，图形显示变小。

2. 平移图形

平移图形能将在当前视口以外的图形部分移动进来进行查看或编辑，但不改变图形的缩放比例。

【命令启动方法】

• 菜单栏："视图"→"平移"。

• 工具栏：单击"标准"工具栏上 图标。

• 快捷菜单：在绘图区域内单击鼠标右键→"平移"。

• 命令：PAN。

• 鼠标快捷操作：按住鼠标中键（滚轮），光标变为 形状时，拖动光标，即可实现图形的实时平移。这种方法是用户在绘图过程中最常用的一种方法。

绘制简单平面图形

- 掌握 AutoCAD 坐标系统和精确绘图方法
- 掌握 AutoCAD 二维图形的绘制

项目任务

绘制如图 2-1 所示的简单平面图形。要求：采用 1：1 的比例绘图，不标注尺寸；保存为图形文件。

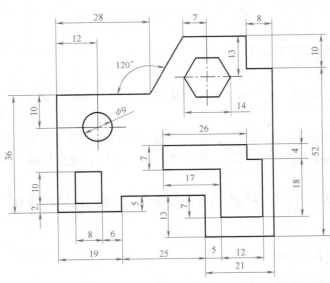

图 2-1　简单平面图形

项目知识点

2.1　AutoCAD 的坐标系统

AutoCAD 具有非常强大的二维绘图能力，而且可以很方便地调用命令，帮助用户快速完成图形的绘制。在此将先认识 AutoCAD 的坐标系统，再通过 AutoCAD 提供的辅助工具配合基本图形的绘制命令进行精确绘图。

在 AutoCAD 中，可以按照直角坐标和极坐标输入图形的二维坐标。在使用直角坐标和极坐标时，均可以基于坐标原点（0，0）输入绝对坐标，或基于上一指定点输入相对坐标。

2.1.1　绝对直角坐标

绝对直角坐标系即笛卡儿坐标系，又称为直角坐标系。在 AutoCAD 中，它包括通过坐标系原点（0，0，0）的 X、Y、Z 3 个坐标轴。输入坐标值时，需要指定沿 X、Y、Z 轴相对于坐标系原点的距离。

在绘制二维平面图形时，一般只会用到两个通过原点相互垂直的坐标轴 X、Y 轴及坐标原点（0，0）。其中，水平方向的坐标轴为 X 轴，X 轴向右为正方向；垂直方向的坐标轴为 Y 轴，Y 轴向上为正方向。平面上的任意一点都可以由 X 轴和 Y 轴确定的坐标来确定，即用 (x, y) 来定义，如图 2-2 所示。

【实例】　已知 A、B 两点的坐标，用绝对直角坐标绘制直线 AB，如图 2-3 所示。

操作步骤：

1）在命令提示行"命令："输入直线命令"LINE"回车；

2）输入 A 点坐标"6，10"回车（或空格）；

3）在提示下输入第二点 B 点坐标"23，24"回车（或空格）；

4）结束绘制：再回车（或空格）。

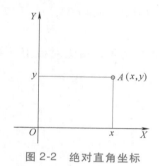

图 2-2　绝对直角坐标　　　　图 2-3　用绝对直角坐标绘制直线

2.1.2　相对直角坐标

在某些情况下，用户需要通过点与点之间的相对位置来绘制图形，而不需指定每个点的绝对坐标，为此 AutoCAD 提供了使用参考坐标的办法。所谓相对坐标，就是某点与参考点的相对位移值。在 AutoCAD 中，相对坐标用 $(@\Delta X, \Delta Y)$ 标识。相对坐标与坐标系原点无关，只与参考点有关，如图 2-4 所示。X 增量向右为正，Y 增量向上为正，反之为负。

当状态栏中的"动态输入"选项卡点亮时，系统将自动启用相对坐标输入方式，即在用户输入坐标时，AutoCAD 将自动在所输入的坐标前添加符号"@"。

【实例】　已知 A、B 两点的坐标，用相对直角坐标绘制直线 AB，如图 2-5 所示。

操作步骤：

1）在命令提示行"命令："输入直线命令"LINE"回车；

2）输入 A 点坐标"6，10"回车（或空格）；

3）在提示下输入第二点 B 点坐标"@17，14"回车（或空格）；

4）结束绘制：再回车（或空格）。

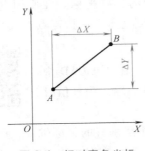

图 2-4　相对直角坐标

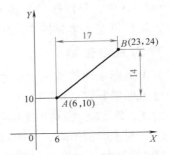

图 2-5　用相对直角坐标绘制直线

2.1.3　绝对极坐标

极坐标系由一个极点和一个极轴所构成。极轴的方向水平向右，平面上的任何一点都可以由该点到极点的连线长度 L 和连线与极轴的交角 α 所定义，即用一对极坐标值（$L<\alpha$）来定义一个点，其中用符号"<"表示角度。

绝对极坐标系的极点为坐标原点，极轴为 X 轴的正方向，平面上任何一点都可以由该点到原点的连线长度和连线与 X 轴正方向的夹角定义，即一对坐标值 L 和夹角 α 来定义一个点。默认情况下，角度按逆时针方向增大，角度输入为正值；按顺时针方向减小，角度输入为负值。如图 2-6 所示，A 点的绝对极坐标（$L<\alpha$）中，$L=12$、$\alpha=60°$，用（12<60）和（12<-300）都可以表示。

【实例】 已知 A、B 两点与坐标原点的距离和与 X 轴的夹角，用绝对极坐标绘制直线 AB，如图 2-7 所示。

操作步骤：

1）在命令提示行"命令："输入直线命令"LINE"回车；

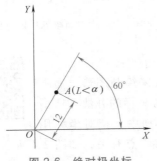

图 2-6　绝对极坐标

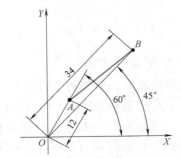

图 2-7　用绝对极坐标绘制直线

2）输入 A 点坐标"12<60"回车（或空格）；

3）在提示下输入第二点 B 点坐标"34<45"回车（或空格）；

4）结束绘制：再回车（或空格）。

2.1.4　相对极坐标

相对极坐标与相对直角坐标类似，在绘图过程中，不需要直接

通过坐标原点和 X 轴正向夹角来绘制图形，而是找到点与点的相对位置来绘制图形。输入方法与直角相对坐标类似，也是在绝对极坐标前面加上"@"表示相对极坐标。

【实例】　已知 A 点坐标和 B 点与 A 点之间的距离和 AB 连线与水平轴的夹角，用相对极坐标绘制直线 AB，如图 2-8 所示。

操作步骤：

1）在命令提示行"命令:"输入直线命令"LINE"回车；

2）输入 A 点坐标"12<60"回车（或空格）；

3）在提示下输入第二点 B 点坐标"@ 22<40"回车（或空格）；

4）结束绘制：再回车（或空格）。

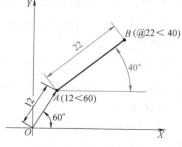

图 2-8　用相对极坐标
绘制直线

2.2　利用 AutoCAD 辅助绘图功能精确绘图

在 AutoCAD 中，用户可以通过集中于状态栏的各类捕捉功能进行精确绘图。熟悉并掌握这些捕捉功能，可以提高绘图效率，从而更加轻松、快捷地绘制图形。

2.2.1　夹点操作

在 AutoCAD 中，当对象处于选中状态时，在对象关键点上将出现蓝色实心小方块，这些处于关键点上的小方块被称为"夹点"。不同类型的对象，其夹点形状与位置也会有所不同，如图 2-9 所示。

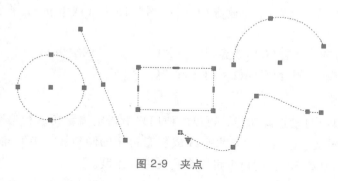

图 2-9　夹点

当在某一夹点上单击鼠标左键后，蓝色小方块将变为红色，此时称之为"热点"，如图 2-10 所示。此时，用户可以通过夹点对已选对象执行移动、旋转、复制、缩放和拉伸等操作。

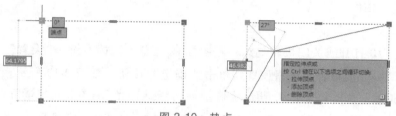

图 2-10　热点

2.2.2　正交模式

开启正交模式可以将光标限制在水平或垂直方向上移动，以便精确创建或修改特定类型的图形对象。在正交模式下绘制直线，只需移动光标指定线条绘制方向并输入线段的长度，即可快速画出水平线、垂直线。

【命令启动方法】

- 状态栏：单击状态栏上 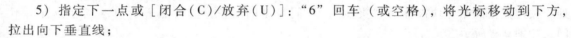 图标。
- 命令：ORTHO 或功能键 F8。

【操作方法】

按功能键 F8 打开或关闭正交模式。

【实例】 已知 A 点坐标（5，5），绘制如图 2-11 所示图形。

操作步骤：

1）在命令提示行"命令:"输入直线命令"LINE"回车；

2）输入 A 点坐标"5，5"回车（或空格），在正交模式打开状态下，将光标移动到 A 点右侧，拉出向右水平线；

3）指定下一点或［放弃（U）］："12"回车（或空格），将光标移动到上方，拉出向上垂直线；

4）指定下一点或［放弃（U）］："8"回车（或空格），将光标移动到左侧，拉出向左水平线；

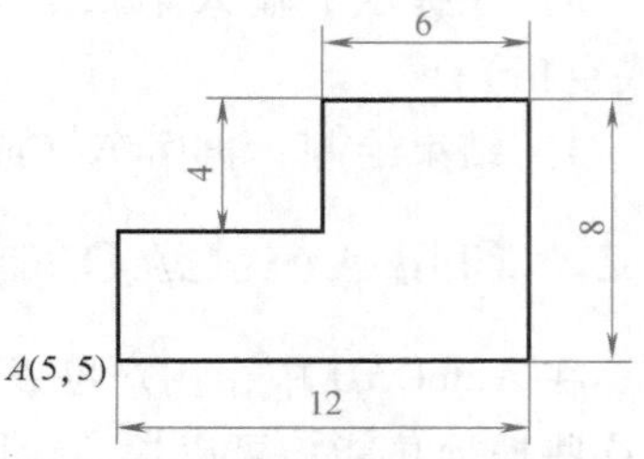

5）指定下一点或［闭合（C）/放弃（U）］："6"回车（或空格），将光标移动到下方，拉出向下垂直线；

6）指定下一点或［闭合（C）/放弃（U）］："4"回车（或空格），将光标移动到左方，拉出向左水平线；

7）指定下一点或［闭合（C）/放弃（U）］："6"回车（或空格）；

8）指定下一点或［闭合（C）/放弃（U）］："C"回车。

图 2-11 正交模式绘制图形

2.2.3 极轴追踪

"极轴追踪"具有自动追踪功能，可以方便用户沿指定增量角进行追踪，可用于快速画出水平线、垂直线、与水平线成任意角度的倾斜线。追踪角度默认有 90°、60°、45°和 30°，用户也可以自定义追踪角度。

【命令启动方法】

- 状态栏：单击状态栏上 图标。
- 功能键：F10。

【操作方法】

按功能键 F10 打开或关闭极轴追踪；在图标 上单击鼠标右键→"设置"（弹出"极轴追踪"选项卡）→完成极轴角增量设置→单击"确定"按钮，如图 2-12 所示。

当"极轴追踪"选项卡打开后，再次绘制直线，会发现当光标停在指定增量角的倍数时，将会出现绿色的虚线，如图 2-13 所示。此时，只要在该角度方向输入线段长度即可。

2.2.4 捕捉和栅格

"栅格"是一种遍布绘图区域的线或点的矩阵，通过栅格可以直观地显

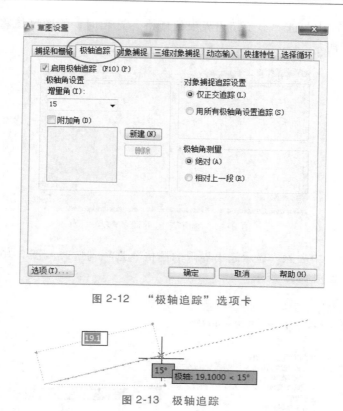

图 2-12　"极轴追踪"选项卡

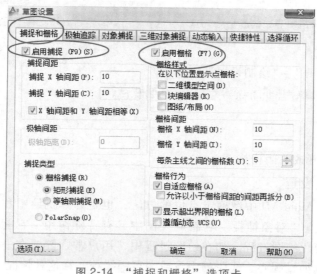

图 2-13　极轴追踪

示对象之间的距离。配合"捕捉"功能，可以在指定栅格点之间进行图形的绘制。

　　栅格是在定位时起参照作用的虚拟线条，它不是图形的一部分，也不会输出。栅格的值根据绘图的需要来定。通过选项卡可以对 X 轴与 Y 轴的"捕捉间距"和"栅格间距"等进行自定义设置。间隔一般不宜过小，否则会因栅格过密而无法显示。如图 2-14 所示，设置"捕捉间距"和"栅格间距"为 10mm。

图 2-14　"捕捉和栅格"选项卡

当"栅格行为"中勾选"显示超出界限的栅格"选项时，绘图区域将显示出充满屏幕的栅格，如图2-15所示。

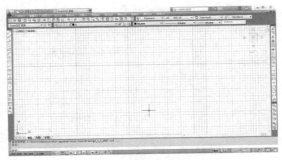

图2-15　显示超出界限的栅格

当"栅格行为"中去除"显示超出界限的栅格"选项勾选时（图2-16），将只会在图形界限内显示栅格，如图2-17所示。

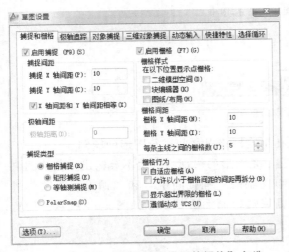

图2-16　去除"显示超出界限的栅格"勾选

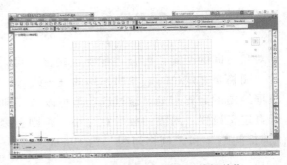

图2-17　不"显示超出界限的栅格"

【命令启动方法】
- 菜单栏："工具"→"绘制设置"。
- 状态栏：右键单击▦图标→左键单击▦设置。
- 命令：GRID。

【操作方法】
按功能键F7打开或关闭栅格。

2.2.5　对象捕捉设置

"对象捕捉"是AutoCAD中精确定点位的方法，也是计算机绘图和手工绘图的重要区别之一。"对象捕捉"在精确绘图中具有特殊作用，它能提高绘图精度和速度，简化绘图过程。如在绘图过程中，用户常常需要在一些特殊几何点间连线，例如过圆心、线段的中点或端点画线等。在这种情况下，若不借助辅助工具，用户是很难直接拾取到这些点的，但运用"对象捕捉"能很容易解决这类问题。

AutoCAD 提供了一系列不同方式的"对象捕捉"工具，这些工具包含在图 2-18 所示的"对象捕捉"工具栏上。

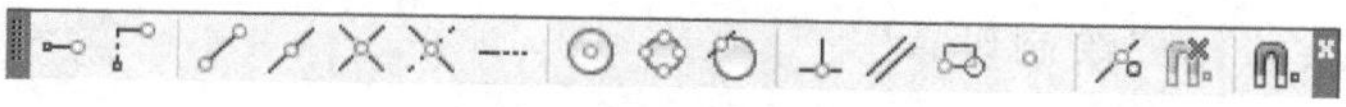

图 2-18　"对象捕捉"工具栏

常见的捕捉工具功能如下：

- ：该捕捉方式可以使用户相对于一个已知点定位另一点，捕捉代号为 FRO。
- ：捕捉线段、圆弧等几何对象的端点，捕捉代号为 END。启动端点捕捉后，将光标移动到目标点附近，AutoCAD 就自动捕捉该点，然后单击鼠标左键确认。
- ：捕捉线段、圆弧等几何对象的中点，捕捉代号为 MID。启动中点捕捉后，使光标的拾取框与线段、圆弧等几何对象相交，AutoCAD 就自动捕捉这些对象的中点，然后单击鼠标左键确认。
- ：捕捉几何对象间真实的或延伸的交点，捕捉代号为 INT。启动交点捕捉后，将光标移动到目标点附近，AutoCAD 就自动捕捉该点，单击鼠标左键确认。若两个对象没有直接相交，可先将光标的拾取框放在其中一个对象上，单击鼠标左键，然后把拾取框移到另一对象上，再单击鼠标左键，AutoCAD 就自动捕捉到交点。
- ：在二维空间中与 功能相同，该捕捉方式还可在三维空间中捕捉两个对象的视图交点（在投影视图中显示相交，但实际上并不一定相交），捕捉代号为 APP。
- ：捕捉延伸点，捕捉代号为 EXT。用户把光标从几何对象端点开始移动，此时系统沿该对象显示出捕捉辅助线和捕捉点的相对极坐标。
- ：捕捉圆、圆弧及椭圆等的中心，捕捉代号为 CEN。启动中心点捕捉后，使光标的拾取框与圆弧、椭圆等几何对象相交，AutoCAD 就自动捕捉这些对象的中心点，然后单击鼠标左键确认。
- ：捕捉圆、圆弧及椭圆的 0°、90°、180°或 270°处的象限点，捕捉代号为 QUA。启动象限点捕捉后，使光标的拾取框与圆弧、椭圆等几何对象相交，AutoCAD 就显示出与拾取框最近的象限点，然后单击鼠标左键确认。
- ：在绘制相切的几何关系时，该捕捉方式使用户可以捕捉切点，捕捉代号为 TAN。启动切点捕捉后，使光标的拾取框与圆弧、椭圆等几何对象相交，AutoCAD 就显示出相切点，再单击鼠标左键确认。
- ：在绘制垂直的几何关系时，该捕捉方式使用户可以捕捉垂足，捕捉代号为 PER。启动垂足捕捉后，使光标的拾取框与直线、圆弧等几何对象相交，AutoCAD 就自动捕捉垂足点，然后单击鼠标左键确认。
- ：平行捕捉，可用于绘制平行线，捕捉代号为 PAR。
- ：捕捉到插入点，用于捕捉到文字、块或属性等对象的插入点。
- ：捕捉 POINT 命令创建的点对象，捕捉代号为 NOD，操作方法与端点捕捉类似。

•  捕捉距离光标中心最近的几何对象上的点，捕捉代号为 NEA，操作方法与端点捕捉类似。

【命令启动方法】

• 菜单栏："工具"→"绘制设置"。

• 状态栏：右键单击 图标→左键单击"设置"。

• 命令：OSNAP 或 DS→空格→左键单击"草图设置"。

【操作方法】

方法一：用户可以采用自动捕捉方式来定位点，当打开这种方式时，AutoCAD 将根据事先设定的捕捉类型自动寻找几何对象上相应的点。

方法二：绘图过程中，当 AutoCAD 提示输入一个点时，用户可单击捕捉按钮或输入捕捉代号来启动对象捕捉，然后将光标移动到要捕捉的特征点附近，AutoCAD 就自动捕捉该点。

方法三：启动对象捕捉的另一种方法是利用快捷菜单。发出 AutoCAD 命令后，按下 SHIFT 键并单击鼠标右键，将弹出快捷菜单，如图 2-19 所示。通过此菜单，用户可选择捕捉何种类型的点。

前面所述的捕捉方式仅对当前操作有效，命令结束后，捕捉模式自动关闭。设定常用的对象捕捉工具，如图 2-20 所示。

图 2-19　对象捕捉快捷菜单

图 2-20　对象捕捉常用设置

【实例】　绘制如图 2-21 所示两圆的公切线。

操作步骤：

1）在"对象捕捉"选项卡上单击鼠标右键，弹出如图 2-20 对话框；

2）单击"全部清除"按钮，再勾选"切点"，如图 2-22 所示；

3）输入命令"LINE"回车；

4）十字光标停在圆上方时，出现递延切点，如图 2-23 所示，单击鼠标左键确定，鼠标移到另一圆附近，

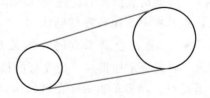

图 2-21　两圆公切线的绘制

出现递延切点，单击鼠标左键确定，回车或空格结束绘制，两圆的公切线就绘制完成；

5）回车，重复直线命令，用同样的方法绘制下一条公切线，这样两圆的两条公切线就通过对象捕捉中的切点捕捉功能绘制完成。

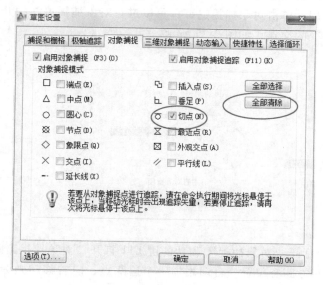

图 2-22　设置捕捉切点

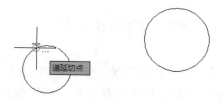

图 2-23　递延切点

2.2.6　对象捕捉追踪

"对象捕捉追踪"功能用于沿基于对象捕捉点的对齐路径进行追踪。当同时启用"对象捕捉"与"对象捕捉追踪"功能并执行绘图命令后，移动光标到任意对象的捕捉点上，将会显示一个以小加号"+"表示的追踪点。之后，移动光标，在获取点的水平、垂直或极轴对齐的路径位置时，将出现绿色辅助线，如图 2-24 所示。

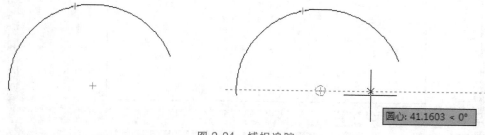

图 2-24　捕捉追踪

"对象捕捉追踪"可以在对现有图形对象进行捕捉的基础上，指定某个点，它会从指定点绘制，临时追踪，以便更容易地得到所指定的点。"对象捕捉追踪"必须在"对象捕捉"开启的状态下才能使用。单击对象捕捉追踪，可以进行对象捕捉追踪的开和关。利用多个追踪点，可以捕捉到路径的交点，如图 2-25 所示。

a) 水平对齐路径　　　　　　b) 垂直对齐路径　　　　　　c) 路径交点

图 2-25　捕捉追踪两圆心垂直交点

操作步骤：

1）按功能键 F3 打开"对象捕捉"和功能键 F11 打开"对象捕捉追踪"；

2）移动光标到左方圆心位置，自动添加一个追踪点；向右移动光标，将出现一条水平对齐路径，如图 2-25a 所示；

3）移动光标到右方圆心位置，自动添加另一个追踪点；向下移动光标，将出现一条垂直对齐路径，如图 2-25b 所示；

4）移动光标，使垂直路径延伸到与水平路径垂直相交于一点，如图 2-25c 所示。

2.2.7　捕捉替代

在 AutoCAD 中提供了方便快捷的捕捉模式，除了可以使用"对象捕捉"选项卡进行特殊点捕捉外，还可以在使用绘图命令后，单击鼠标右键，在弹出的快捷菜单中选择"捕捉替代"选项中的"自"来指定捕捉点。

【实例】　在矩形内绘制圆，如图 2-26 所示。

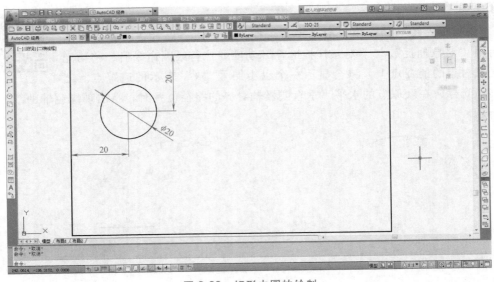

图 2-26　矩形内圆的绘制

操作步骤：

1）输入圆命令"c"回车；

2）用"捕捉替代"→"自"来绘制矩形中的圆，单击鼠标右键，弹出快捷菜单→"捕捉替代"→"自"，如图2-27所示；

图2-27　"捕捉替代"→"自"

3）在命令提示行出现提示"_ from 基点"，如图2-28所示；

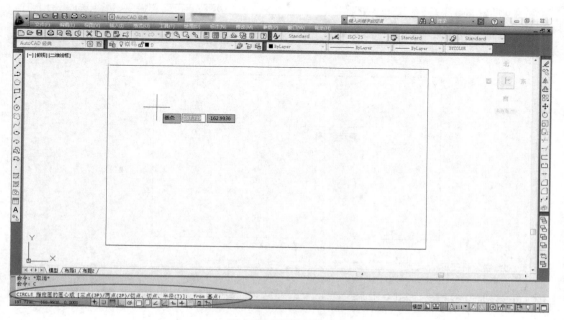

图2-28　指定基点

4）对象捕捉左上角矩形端点，选中端点为基点，此时命令行提示"〈偏移〉"，如图 2-29所示，用相对坐标输入圆心相对端点的偏移距离，圆心相对该点 X 方向向右 20，相对选定点 Y 方向向下 20，即捕捉圆心到端点的距离 $\Delta X = 20$，$\Delta Y = -20$；

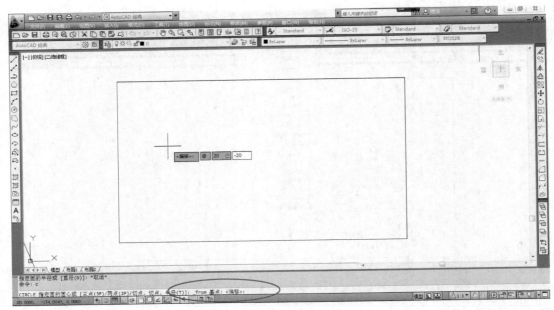

图 2-29　偏移

5）输入"@ 20，-20"回车，如图 2-30 所示；

6）输入半径"10"回车。

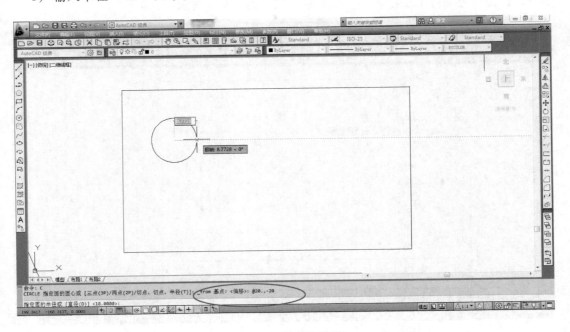

图 2-30　圆心偏移量

2.3　AutoCAD 二维图形的绘制

2.3.1　设置点样式

默认样式下，点很难被看到。应用点之前，用户可以自定义点的样式和大小，从而方便查看和区分点，根据需要改变点的样式和大小。在同一图形中，只能有一种点样式，当改变点样式时，该图形中所绘制的所有点的样式将随之改变。无论一次画出多少个点，每一个点都是一个独立的几何元素。

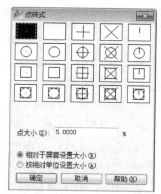

【命令启动方法】

- 菜单栏："格式"→"点样式"。
- 命令：DDPTYPE。

【操作方法】

- 调出"点样式"对话框。

输入命令 DDPTYPE 空格，出现如图 2-31 所示"点样式"对话框，根据需要来选择点的样式（20 种点样式）和大小（改变百分号前的数值）。左键单击确定完成设置。

图 2-31　"点样式"对话框

需要时，可以指定点的大小。设置方式有两种：选择"相对于屏幕设置大小（R）"选项，即按照屏幕尺寸的百分比设置点的显示大小，当执行显示缩放时，显示的点的大小不改变；选择"按绝对单位设置大小（A）"选项，即按绝对单位设置点的大小，执行显示缩放时，显示的点的大小随之改变。

2.3.2　绘制点

在 AutoCAD 中，点不仅是组成图形的最基本元素，还是用于执行对象捕捉、偏移等操作的节点或参考点。点可以分为多点、定数等分点和定距等分点等多种形式，用户可以通过不同的工具进行特定类型点的绘制。

【命令启动方法】

- 菜单栏："绘图"→"点"→"单点"或"多点"。
- 工具栏：单击"绘图"工具栏上 ▫ 图标。
- 命令：POINT 或快捷键 PO。

【操作方法】

PO→空格→指定点的坐标或在图上左键单击所需点的位置。

【实例】　在图 2-32a 所示直线的左右端点和中点处分别绘制出如图 2-32b 所示的点。操作步骤：

1）应用直线命令绘制图 2-32a 所示直线；

2）输入"DDPTYPE"→空格→左键选择 ⊠ →单击"确定"按钮；

3）单击"绘图"工具栏上 ▫ 图标→左键单击直线的左端点→左键单击直线的右端点→左键单击直线的中点→按 Esc 键退回点的绘制，效果如图 2-32b 所示。

在 AutoCAD 中，等分点可以分为定数等分和定距等分两种类型。用户可以通过"定数

a) 绘制点前   b) 绘制点后

图 2-32　绘制点

等分"工具创建选定数目的等分点，或通过"测量"命令创建特定间隔的等分点。

2.3.3　绘制直线

直线是二维图形最常用的元素之一。用户通过"直线"命令可以创建一系列连续的线段，且对每条线段都可以单独进行编辑。

【命令启动方法】

- 菜单栏："绘图"→"直线"。
- 工具栏：单击"绘图"工具栏 ✐ 图标。
- 命令：LINE 或快捷键 L。

【操作方法】

方法一：输入快捷命令 L→空格→指定第一点（输入线段的起点坐标或用光标在屏幕上确定一点）→依次执行→C（闭合）或 Esc（退出）。

方法二：输入快捷命令 L→空格→指定第一点（输入线段的起点坐标或用光标在屏幕上确定一点）→移动光标在需要绘制的方向拉出直线→输入线段长度→空格→依次执行→C（闭合）或 Esc（退出）。

【命令选项】

- 闭合（C）：系统会自动连接起始点和最后一个端点，从而绘制出封闭的图形。
- 放弃（U）：放弃前一次操作绘制的直线段，删除直线序列中最近绘制的直线段，多次输入"U"将按绘制次序的逆序逐个删除直线段。

【实例】　用直线命令绘制图 2-33 所示平面图形，不标注尺寸。

操作步骤：

1）打开正交模式，单击"正交"选项卡或按功能键 F8；

2）在命令提示行输入命令"L"回车；

3）输入坐标值：

输入第一点坐标"0，0"回车，

光标向下移动，拉出向下线段，输入"41"回车，

光标向右移动，拉出向右线段，输入"13"回车，

光标向上移动，拉出向上线段，输入"15"回车，

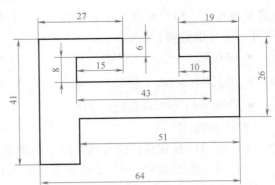

图 2-33　平面图形绘制示例

光标向右移动，拉出向右线段，输入"51"回车，

光标向上移动，拉出向上线段，输入"26"回车，

光标向左移动，拉出向左线段，输入"19"回车，

光标向下移动，拉出向下线段，输入"6"回车，

光标向右移动，拉出向右线段，输入"10"回车，

光标向下移动，拉出向下线段，输入"8"回车，

光标向左移动，拉出向左线段，输入"43"回车，

光标向上移动，拉出向上线段，输入"8"回车，

光标向右移动，拉出向右线段，输入"15"回车，

光标向上移动，拉出向上线段，输入"6"回车；

4）最后闭合图形，输入"C"回车。

2.3.4　绘制多段线

如果希望所创建的多个线段为一个整体，可通过"多段线"命令实现。通过"多段线"命令可以创建直线段和圆弧组合连接而成的复杂图线，且可用于创建有宽度的图形对象（例如绘制箭头）。

【命令启动方法】

- 菜单栏："绘图"→"多段线"。
- 工具栏：单击"绘图"工具栏上 图标。
- 命令：PLINE 或快捷键 PL。

【操作方法】

输入 PL→空格→指定多段线的起点→空格→指定下一个点或［圆弧（A）/半宽（H）/长度（L）/放弃（U）/宽度（W）］→指定下一点（依次执行下去）→Esc。

【命令选项】

- 圆弧（A）：系统会切换为绘圆弧方式，并提示：指定圆弧的端点或［角度（A）/圆心（CE）/闭合（CL）/方向（D）/半宽（H）/直线（L）/半径（R）/第二个点（S）/放弃（U）/宽度（W）］。
- 半宽（H）：指定从多段线线段的中心到其一边的宽度。
- 长度（L）：在与前一线段相同的角度方向上绘制指定长度的直线段。
- 放弃（U）：放弃最近一次添加到多段线上的线段。
- 宽度（W）：指定下一线段的宽度。
- 闭合（C）：系统会自动连接起始点和最后一个端点，从而绘制出封闭的图形。

【实例】　用多段线命令绘制图 2-34 所示的多段线。

操作步骤：

1）输入"PL"→空格→输入"100，100"→空格；

2）设置箭头线线宽：输入："W"→空格→"0.5"（指定起点宽度）→空格→"0.5"（指定端点宽度）→空格；

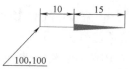

图 2-34　多段线的绘制

3）绘制箭线：输入"10"（输入前鼠标向右拉出方向）→空格；

4）设置箭头线宽：输入"W"→空格→"2"（指定起点宽度）→空格→"0"（指定端点宽度）→空格；

5）绘制箭头：输入"15"（输入前鼠标向右拉出方向）→空格。

2.3.5 绘制矩形

矩形是对角线相等且互相平分的四边形，它的 4 个角均为直角。在 Auto-CAD 中，还可以创建 4 个角为圆角或倒角的矩形。

AutoCAD 中虽然可以应用多边形命令来绘制矩形，但矩形在图形中较为常见，在软件中有专门的矩形命令，以提高绘图效率。

【命令启动方法】

- 菜单栏："绘图"→"矩形（G）"命令，如图 2-35 所示。
- 工具栏：单击"绘图"工具栏上 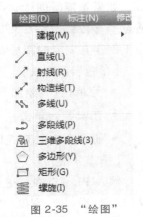 图标。
- 命令：RECTANGLE 或快捷键 REC。

【操作方法】

方法一：REC→空格→左键单击左上角点位置（拉出矩形框）→左键单击右下角点位置。

方法二：REC→空格→左键单击左上角点位置（拉出矩形框）→D→空格→输入矩形的长度值→空格→输入矩形的宽度值→空格→选择好矩形方位后单击左键。

【命令选项】

- 面积（A）：通过指定矩形面积，再依据矩形的长度或宽度来绘制矩形。
- 尺寸（D）：通过指定矩形长度和宽度来绘制矩形。
- 旋转（R）：对矩形旋转指定的角度。

图 2-35 "绘图"菜单

2.3.6 绘制正多边形

AutoCAD 中虽然可以利用"直线"命令绘制多边形，但是为了提高效率，AutoCAD 专门提供了"多边形"命令绘制多种正多边形。通过"多边形"命令可以轻松地绘制等边三角形、正方形、正五边形和正六边形等图形。

【命令启动方法】

- 菜单栏："绘图"→"多边形（Y）"命令，如图 2-35 所示。
- 工具栏：单击"绘图"工具栏上 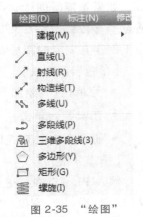 图标。
- 命令：POLYGON 或快捷键 POL。

【操作方法】

POL→空格→输入多边形侧面数（默认为 4）→空格→输入多边形中心点（左键单击指定一点）→选择内接于圆（I）或者选择外切圆（C）→输入圆半径的值→空格。

【命令选项】

- 边（E）：通过确定多边形的一条边长尺寸来绘制正多边形。

【实例】 用"多边形"命令绘制图 2-36 所示的半径为 30mm 的正六边形。

操作步骤：

1）输入"POL"→空格→输入多边形侧面数"6"→空格→单击左键指定圆心→"I"（选择内接于圆）→输入半径"30"→空格；

2）输入"POL"→空格→输入多边形侧面数"6"→空格→单击左键指定圆心→"C"（选择外切圆）→输入半径"30"→空格。

图 2-36　正六边形的绘制

2.3.7　绘制圆

圆是一种简单图形，是绘图中最常见的基本元素之一，常用于表示机械图样中的轴、孔和柱等对象。

【命令启动方法】

- 菜单栏："绘图"→"圆（C）"命令，如图 2-37 所示。

- 工具栏：单击"绘图"工具栏上 ⊘ 图标。

- 命令：CIRCLE 或快捷键 C。

图 2-37　"圆"菜单选项

AutoCAD 提供了 6 种绘制圆的方式，如图 2-38 所示。

方法一　指定圆心和半径　　方法二　指定圆心和直径　　方法三　指定三点

方法四　指定两个端点　方法五　指定两个相切对象和半径　方法六　指定三个相切对象

图 2-38　6 种方式绘制圆

【操作方法】

方法一：C→空格→指定圆的圆心（左键单击指定一点）→输入半径的值→空格。

方法二：C→空格→指定圆的圆心（左键单击指定一点）→输入"D"直径→空格→输入直径的值→空格。

方法三：C→空格→输入"3P"→空格→指定圆的第1点（左键单击）→指定圆的第2点（左键单击）→指定圆的第3点（左键单击）。

方法四：C→空格→输入"2P"→空格→指定圆的第1个端点（左键单击）→指定圆的第2个端点（左键单击）。

方法五：C→空格→输入"T"→空格→指定对象与圆的第1个切点（左键单击指定第1个切点）→鼠标左键单击圆的第2个切点（左键单击指定第2个切点）→输入半径的值→空格。

方法六："绘图"→"圆（C）"→选择"相切、相切、相切（A）"→指定对象与圆的第1个切点（左键单击指定第1个切点）→左键单击圆的第2个切点（左键单击指定第2个切点）→左键单击圆的第3个切点（左键单击指定第3个切点）。

【命令选项】

● 三点（3P）：通过单击第1点、第2点、第3点确定一个圆。

● 两点（2P）：2个端点确定一个圆。

● 切点、切点、半径（T）：已知半径及相切的2个对象可以画一个圆。

【实例】 绘制图2-39所示的三角形 *ABC* 的内切圆。

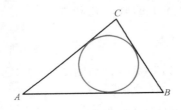

图2-39 任意三角形 *ABC*

操作步骤：

1）绘制已知三角形 *ABC*；

2）"绘图"→"圆（C）"→选择"相切、相切、相切（A）"；

3）单击三角形 *AB* 边上与圆的第1个切点；

4）单击三角形 *AC* 边上与圆的第2个切点；

5）单击三角形 *BC* 边上与圆的第3个切点。

2.3.8 绘制圆弧

圆上任意两点间的部分叫作圆弧，简称弧。AutoCAD提供了多种绘制圆弧的方式，这些方式都是由起点、方向、中点、包角、终点、弧长等参数来确定所绘制的圆弧的。

【命令启动方法】

● 菜单栏："绘图"→"圆弧（A）"命令，如图2-40所示。

● 工具栏：单击"绘图"工具栏上 图标。

● 命令：ARC或快捷键A。

【操作方法】

ARC→指定圆弧上的起点（左键单击指定一点）→指定圆弧上的第二点（左键单击指定一点）→指定圆弧上的端点（左键单击指定一点），如图2-41所示。

【命令选项】

● 起点、圆心、端点：指定圆弧的起点、圆心、端点来绘制圆弧。

● 起点、圆心、角度：指定圆弧的起点、圆心、角度来绘制圆弧。

● 起点、圆心、长度：指定圆弧的起点、圆心、长度来绘制圆弧。

● 起点、端点、角度：指定圆弧的起点、端点、角度来绘制圆弧。

● 起点、端点、方向：指定圆弧的起点、端点、方向来绘制圆弧。

● 起点、端点、半径：指定圆弧的起点、端点、半径来绘制圆弧。

● 圆心、起点、端点：指定圆弧的圆心、起点、端点来绘制圆弧。

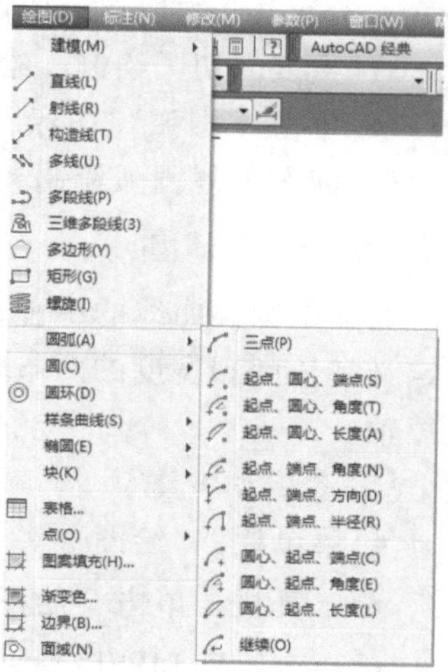

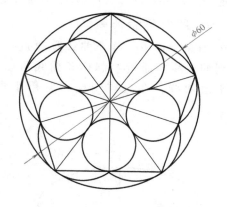

图 2-40 "圆弧"
菜单选项

● 圆心、起点、角度：指定圆弧的圆心、起点、角度来绘制圆弧。

● 圆心、起点、长度：指定圆弧的圆心、起点、长度来绘制圆弧。

● 继续：指以上一步操作的终点为起点绘制圆弧。

【实例】 绘制图 2-42 所示的图形。

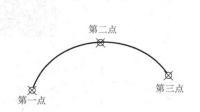

图 2-41 "三点法"绘制圆弧

图 2-42 多边形和圆弧图形

操作步骤：

1）单击"圆"图标，在屏幕上任意指定一点为圆心，输入圆的半径"30"回车；

2）单击"多边形"图标，输入侧面数"5"回车，捕捉圆心为五边形中心点，默认选项"内接于圆"回车，输入内接圆半径"30"回车；

3）"对象捕捉"选项卡上单击鼠标右键，选择中点捕捉；

4）输入直线绘制命令"L"，绘制顶点到对边中点的连线，回车，回车重复直线命令，分别绘制出 5 条直线段；

5）单击"绘图"菜单，选择"圆"下级联菜单中的"相切、相切、相切"，连续选择三角形 3 条边上的切点，切点只需选定近似位置，三角形的内切圆绘制完成；

6）重复内切圆绘制，绘制 5 个内切圆；

7）单击"圆弧"图标，用三点绘制圆弧，绘制两切点与五边形端点之间的圆弧；

8）回车重复圆弧绘制，5 条圆弧绘制完成。

2.3.9　绘制椭圆

椭圆是圆锥曲线的一种，椭圆的中心到圆周上的距离是变化的。椭圆由定义其长度和宽度的两条轴决定，其中较长的轴称为长轴，较短的轴称为短轴。

【命令启动方法】

- 菜单栏："绘图"→"椭圆（E）"命令，如图 2-43 所示。
- 工具栏：单击"绘图"工具栏上 图标。
- 命令：ELLIPSE 或快捷键 EL。

【操作方法】

方法一：EL→空格→指定椭圆轴的一个端点（左键单击指定一点）→指定椭圆轴的另一个端点（左键单击指定一点）→输入椭圆另一条半轴的长度值，如图 2-44 所示。

方法二：EL→空格→输入 C（中心点）→空格→指定椭圆的中心点（左键单击指定一点）→指定椭圆一条轴的端点（左键单击指定一点）→输入椭圆另一条半轴的长度值，如图 2-45 所示。

2.3.10　绘制样条曲线

图 2-43　"椭圆"菜单选项

在 AutoCAD 中，样条曲线是通过指定一组拟合点或控制点得到的曲线。通过绘制样条曲线可以创建通过或接近指定点的平滑曲线，在机械图样中常用于表达机件实体假想断裂处的轮廓线。

图 2-44　轴、端点法绘制椭圆

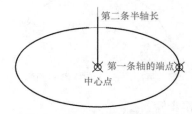

图 2-45　中心点法绘制椭圆

【命令启动方法】

- 菜单栏："绘图"→"样条曲线"命令，如图 2-46 所示。
- 工具栏：单击"绘图"工具栏上 图标。
- 命令：Spline 或快捷键 SPL。

【操作方法】

命令启动后，选择第一点，指定切线方向，指定另一个端点，回车结束或输入"c"闭

图 2-46　"样条曲线"菜单选项

合，或输入"t"与端点相切回车，如图 2-47 所示。

图 2-47　绘制样条曲线

2.4　综合运用——绘制简单平面图形

（1）启动 AutoCAD　双击桌面图标，启动软件，关闭 exchange 窗口，按 F7 键关闭栅格或直接按状态栏按钮进行关闭。单击状态栏正交模式选项卡，将正交模式打开。

（2）分析图形　确定好绘制的起点，便于绘制过程的尺寸计算。确定 C 点为起点，将 C 点确定在坐标原点，如图 2-48 所示。

（3）绘制 C 点左侧外框　单击直线命令，输入 C 点坐标"0，0"回车；在正交状态下通过移动光标确定绘制方向，直接输入水平和垂直线的线段长度。光标向上绘制上方的线条，输入长度"13"回车；光标向左，输入线段长度"25"回车；光标向下，输入线段长度"5"回车；向左"19"回车；向上"36"回车；向右"28"回车。单击状态栏"极轴追踪"选项卡打开极轴追踪（正交自动关闭），单击鼠标右键，选择"设置"，设置追踪角为"30"并确定。在 60° 方向拉出稍长线段，单击鼠标左键，回车，结束绘制。

（4）绘制 C 点右侧外框　回车，重复直线命令，捕捉 C 点，单击鼠标，确定 C 为第一点。单击"正交模式"选项卡，打开正交模式；在正交模式下输入水平线

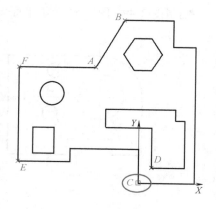

图 2-48　确定绘制起点

段长度"21"回车；光标向上，输入线段长度"52"回车；光标向左"8"回车；光标向上"10"回车：光标向左，拉出略长于斜线的长度，单击鼠标左键，回车，结束绘制。

（5）通过夹点调整线段长度 选中 AB 线条，单击上方蓝色夹点，夹点颜色变为红色热点，将热点拉至交点处。用同样方法将水平线夹点单击成为热点，拖至交点处，按键盘左上角 Esc 键，几何图形外观绘制完成。

（6）绘制内部 7 字形几何图形 已知 C 点坐标（0，0），则内部几何图形 D 点坐标为（5，6）。单击直线命令，输入 D 坐标"5，6"回车。在正交模式下，输入各线段长度：光标向右，输入"12"回车；光标向上"18"回车；光标向左"3"回车，光标向上"4"回车；光标向左"26"回车；光标向下"7"回车；光标向右"17"回车；闭合图形，输入"c"回车，结束 7 字形内部几何图形的绘制。

（7）利用"捕捉替代"→"自"绘制内部矩形 矩形左下角点相对于 E 点 X 向右偏移量为 5，Y 向上偏移量为 3。单击矩形命令，单击鼠标右键，在弹出的快捷菜单中选择"捕捉替代"→"自"，根据提示选定基点，捕捉 E 点，单击鼠标左键确定。输入相对坐标"@5，3"回车，矩形左下角基点被确定；利用尺寸选项来指定对角点，输入"d"回车，输入矩形长度"8"回车，输入矩形宽度"10"回车，单击鼠标左键确定矩形方向，矩形绘制完成。

（8）利用"捕捉替代"→"自"绘制圆 圆心距离 F 点 X 向右增量为 12，Y 向下增量为 10。单击圆命令绘制圆，单击鼠标右键，在弹出的快捷菜单中选择"捕捉替代"→"自"，根据提示选定基点，捕捉 F 点，单击鼠标左键确定，输入相对坐标"@12，−10"回车；输入圆半径"4.5"回车，圆绘制完成。

（9）利用"捕捉替代"→"自"绘制正六边形 正六边形中心点相对于 B 点 X 向右增量为 7，Y 向下增量为 13。单击多边形命令，输入侧面数"6"回车；指定多边形中心点，单击鼠标右键，在弹出的快捷菜单中选择"捕捉替代"→"自"，捕捉 B 点，输入坐标偏移量"@7，−13"回车；选内接于圆，回车，输入圆的半径"7"回车，正六边形绘制完成。

（10）保存文件 平面图形绘制完成后保存图形文件。

2.5 项目拓展

绘制图 2-49~图 2-54 所示平面图形。

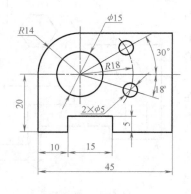

图 2-49 拓展题一

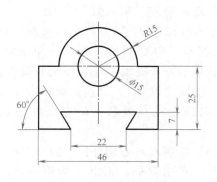

图 2-50 拓展题二

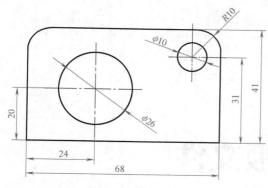

图 2-51 拓展题三

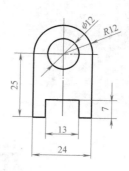

图 2-52 拓展题四

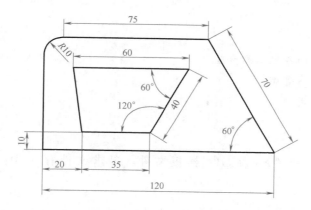

图 2-53 拓展题五

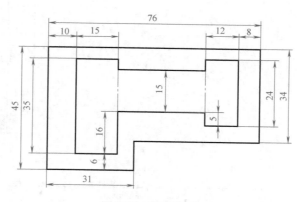

图 2-54 拓展题六

项目三

<<<<<<<

定制样板文件

学习目标

- 掌握二维图形的基本编辑方法
- 掌握图层规划与管理
- 掌握文字的应用

项目任务

完成如图 3-1 所示"A4 横放"样板文件。要求文件存于 D：\，文件名为"A4 横放.dwt"。

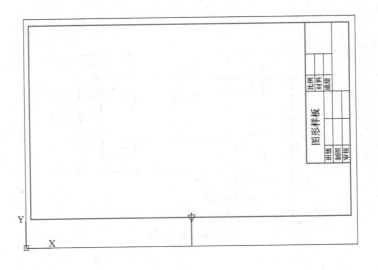

图 3-1 A4 横放样板

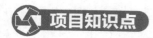 项目知识点

3.1　选择和删除对象

在 AutoCAD 中，只使用绘图工具或绘图命令只能创建出基本的图形对象。如果要绘制复杂的图样，需先选择基本图形对象，再借助 AutoCAD 中提供的各种图形编辑工具快速进行图形对象的复制、移动和修剪等操作。机械图样往往相对复杂，要绘制好机械图样必须掌握好图形对象的基本编辑方法。

3.1.1　选择对象

在对图形对象进行编辑之前，首先要选择所需编辑的对象。在 AutoCAD 中，可以通过多种方式来选择图形对象，用户可以根据实际需要来选择最为合适的方式。

【命令启动方法】

- 命令：SELECT。

【操作方法】

SELECT→空格→选择要编辑的对象。

方法一：单击图形对象选择

单击图形对象是最简单、最常用的一种选择方式。直接通过移动十字光标到要选择的图形对象上，单击鼠标左键，即可选择该图形对象。如果同时要选择多个对象，只需依次单击选择即可加选。被选择对象将出现蓝色夹点，如图 3-2 所示。

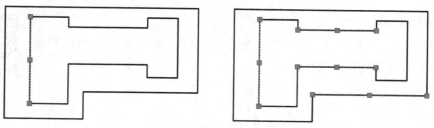

图 3-2　单击选择图形对象

方法二：窗口方式选择

在 AutoCAD 中提供了快速选择多个图形对象的方法，可以通过绘制矩形框来选择对象。在绘图区单击鼠标左键确定一点，再移动光标，随着光标的移动，将会在屏幕上拉出一个矩形窗口。根据光标移动的方向不同，拉出的矩形窗口颜色不同，图形对象的选择方式也不同，分为窗围选择（WP）和窗交选择（CP）。

（1）窗围选择　在确定矩形的第一点后，按住鼠标左键自左向右拖动，由两个对角点确定的矩形窗口范围显示为蓝色，选择框为实线。在窗围选择时，只有完全位于矩形窗口内的图形对象被选中，只有部分位于矩形窗口内的图形对象不会被选中，如图 3-3 所示。

（2）窗交选择　在确定矩形的第一点后，按住鼠标左键自右向左拖动，由两个对角点确定的矩形窗口范围显示为绿色，选择框为虚线。在窗交选择时，完全位于矩形窗口内或只有部分位于矩形窗口内的图形对象均会被选中，如图 3-4 所示。

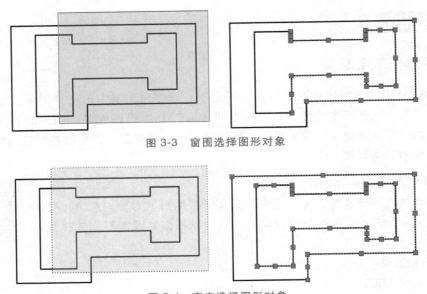

图 3-3　窗围选择图形对象

图 3-4　窗交选择图形对象

3.1.2　取消选择对象

当选中某一图形对象或多个图形对象后，如果需要取消全部的被选中状态，可以按键盘左上角 Esc 键取消选择，如果只是取消其中一部分图形对象的选择，可以按住键盘上的 Shift 键不松，同时用选择对象的方法选择要移出的对象即可。

3.1.3　删除对象

在绘图过程中，错误绘制的图形对象或是作图过程中做的辅助图形对象，在整理时需要进行删除操作。

【命令启动方法】

- 菜单栏："修改"→"删除"。
- 工具栏：单击"修改"工具栏上 图标。
- 命令：ERASE 或快捷键 E。
- 键盘操作：选中对象后，按键盘上 Delete 键。
- 快捷菜单操作：选择完要删除的图形对象后，单击鼠标右键，在弹出的快捷菜单中选择"删除"项。

【操作方法】

方法一：上述前 3 种方法都可以在选择好要删除的对象后，再执行删除操作；也可在执行删除命令后，再根据命令提示行的提示选择对象，来完成删除操作。

方法二：后面两种方法则必须先选择好要删除的对象，再执行删除操作。

3.2　指定边界修改对象

在绘图过程中，当需要图形对象到指定边界处终止时，可以利用 AutoCAD 中给定的编辑命令进行快捷操作。

3.2.1　修剪对象

通过"修剪"命令可以对超出指定边界的多余线条进行清理，可以交点为界清理图形中不需要的部分。

【命令启动方法】

- 菜单栏："修改"→"修剪"。
- 工具栏：单击"修改"工具栏上 -/--- 图标。
- 命令：TRIM 或快捷键 TR。

执行"修剪"命令后，在命令提示行会提示"选择对象或 <全部选择>:"，此时选择的对象是作为修剪的边界，边界可以是交点，也可以是一条直线或曲线，也可以是多个图形对象。直接按空格键或 Enter 键时系统默认所有对象全部被选择为边界。选择好边界对象后，将提示选择要被修剪的图形对象。选择被修剪的图形对象可以单个选择，也可以用窗口方式选择多个对象。选择单个对象时，要将光标移动到需要被修剪的一侧，单击鼠标左键，被修剪的对象即被修剪到指定边界处；如果没有指定特定的边界，则修剪到最近的线或交点处。完成修剪后按空格键或 Enter 键结束命令。

【命令选项】

- 按住 Shift 键选择要延伸的对象：将选定的对象延伸至剪切边。
- 栏选（F）：用户绘制连续折线，与折线相交的对象被修剪。
- 窗交（C）：利用交叉窗口选择对象。
- 投影（P）：该选项可以使用户指定执行修剪的空间。
- 边（E）：选择此选项，在命令提示行将出现"输入隐含边延伸模式 ［延伸（E）/不延伸（N）<不延伸>:"。延伸（E）是指如果剪切边太短，没有与被修剪的对象相交，系统假想将剪切边延长，然后执行修剪操作，如图 3-5 所示；不延伸（N）是指只有当剪切边与被剪切对象实际相交才进行修剪。
- 删除（R）：不退出"修剪"命令就能删除选定的对象。
- 放弃（U）：若修剪有误，可输入字母"U"撤销修剪。

【实例】　将图 3-6a 所示图形修剪为图 3-6b 所示的形状。

操作步骤：

1）用直线命令绘制如图 3-6a 所示图形；

2）输入快捷命令"TR"→空格→空格（默认选择所有图形对象为修剪边界）→移动光标到

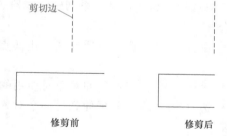

图 3-5　使用延伸（E）选项修剪操作

要被修剪的图形对象被修剪部分 1 位置单击鼠标左键，移动光标到被修剪部分 2 上单击鼠标左键，在被修剪部分 3 处同样方法操作→完成修剪后按空格键（或回车）结束命令。

3.2.2　延伸对象

通过"延伸"命令可以将所选的直线、弧和多段线等对象的端点延伸到指定边界，指定边界可以是直线、圆弧或多段线。

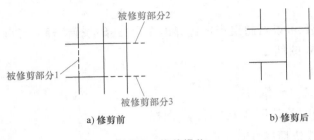

被修剪部分2

被修剪部分1

被修剪部分3

a) 修剪前　　　　　　　　　　　b) 修剪后

图 3-6　修剪操作

【命令启动方法】

- 菜单栏："修改"→"延伸"。
- 工具栏：单击"修改"工具栏上 图标。
- 命令：EXTEND 或快捷键 EX。

执行"延伸"命令后，在命令提示行会提示选择"选择对象或 <全部选择>:"，此时选择的对象是作为延伸的边界，边界可以是一个图形对象也可以是多个图形对象，直接按空格键或 Enter 键时系统默认所有对象全部被选择为边界。选择好边界对象后，将提示选择被延伸的图形对象。选择被延伸的图形对象可以单个选择，也可以用窗口方式选择多个对象。单个对象延伸时，要将光标移动到需要被延伸的一侧，单击鼠标左键，被延伸的对象即延伸到指定边界处，如果没有指定特定的边界，则延伸到最近的图形对象。完成延伸后按空格键或 Enter 键结束命令。

【命令选项】

- 选择边界对象：选定对象来定义对象延伸到的边界。
- 选择要延伸的对象：指定要被延伸的对象。按空格键或 Enter 键结束命令。
- 栏选（F）：通过鼠标移动，可以在屏幕上绘制出选择栏，与选择栏线条相交的所有对象均被选中。选择栏是一系列临时线段，它们是用两个或多个栏选点指定的。选择栏不构成闭合环。
- 窗交（C）：选择矩形区域（由两点确定）内部或与之相交的对象，与选择对象方法相同。
- 投影（P）：指定延伸对象时使用的投影方法。
- 边（E）：将对象延伸到另一个对象的隐含边，或仅延伸到三维空间中与其实际相交的对象。
- 放弃（U）：放弃最近通过"延伸"命令所做的更改。

【实例】　用"延伸"命令将图 3-7a 所示 AB 线延伸到矩形边线上，如图 3-7b 所示。

操作步骤：

1）使用矩形、直线命令绘制矩形框和直线 AB；

2）输入快捷命令"EX"→选择矩形框（左键单击）→空格→移动光标至 AB 直线上偏 B 端的位置→单击鼠标左键→空格或回车，结束命令。

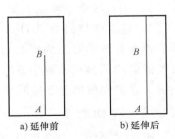

a) 延伸前　　　b) 延伸后

图 3-7　延伸线段

3.3　复制图形对象

在图样中常有相同的图形对象，在 AutoCAD 中提供了一系列命令可以快捷创建一个或多个对象的副本。在此先介绍"复制""偏移""镜像"这 3 种最常用、最基本的复制对象的方法。

3.3.1　复制对象

通过"复制"命令可以将选定的对象，在指定的位置上复制一个或多个图形对象。

【命令启动方法】

- 菜单栏："修改"→"复制"。
- 工具栏：单击"修改"工具栏上 图标。
- 命令：COPY 或快捷键 CO。

执行"复制"命令后，在命令提示行会提示选择"选择对象："。可用窗口方式选择要复制的对象，如图 3-8 所示。

选择好需要复制的对象后，按空格键或 Enter 键结束选择。命令提示行将出现提示"指定基点或［位移（D）/模式（O）］<位移>："。用户可以通过坐标值来确定复制的参考点，也可以在"对象捕捉"打开状态下直接捕捉指定点为参考点，如图 3-9 所示。选定的参考点是作为要复制的副本图形的插入点。

选定参考点后，命令提示行提示"指定第二个点或［阵列（A）]<使用第一个点作为位移>："，如图 3-10 所示。对于第二点的确定，系统默认使用参考点为基准的相对位移量，如输入"20，40"，系统自动会在之前添加"@"；第二点的确定也可以直接输入点的坐标值，这时要在坐标值之前输入"#"；还可以通过移过光标到指定位置，单击鼠标左键确定第二点，这种方法在实际使用中是最常用的一种方法，往往与对象捕捉功能配合使用，如图 3-11 所示。

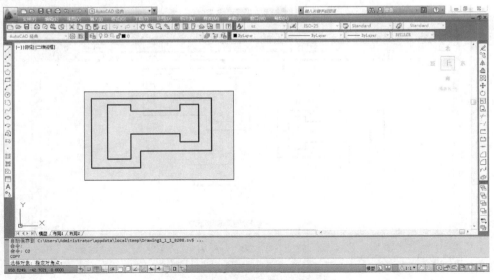

图 3-8　窗口方式选择要复制的对象

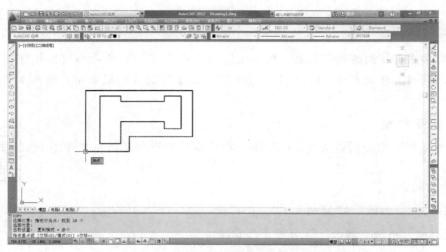

图 3-9　用对象捕捉方法选定复制参考点

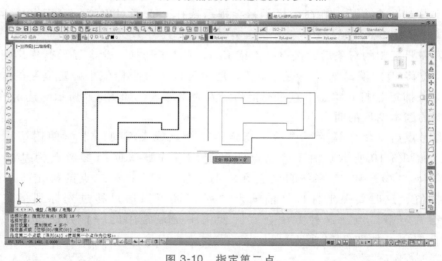

图 3-10　指定第二点

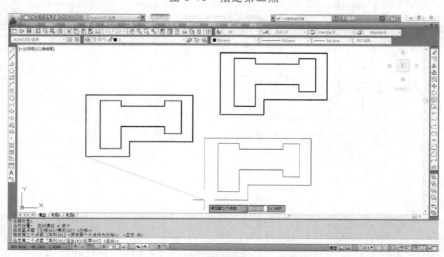

图 3-11　移动光标指定第二点

3.3.2　偏移对象

　　通过"偏移"命令可以按指定点或距离创建一个与源对象类似的新对象，且新对象与源对象保持平行。它可操作的图源包括直线、圆、圆弧、多段线、椭圆、构造线及样条曲线等。当平移一条直线时，可创建平行线。当平移一个圆时，可创建同心圆。当平移一条封闭的多段线时，可创建与源对象形状相同的闭合图线。

【命令启动方法】

- 菜单栏："修改"→"偏移"。
- 工具栏：单击"修改"工具栏上 图标。
- 命令：OFFSET 或快捷键 O。

【命令选项】

- 指定偏移距离：用户输入偏移距离值，系统根据此数值偏移源对象产生新对象。
- 通过（T）：通过指定点创建新的偏移对象。
- 删除（E）：偏移产生新对象后同时删除源对象。
- 图层（L）：指定将偏移后的新对象放置在当前图层上或源对象所在的图层上。

　　执行"偏移"命令后，命令提示行提示"指定偏移距离或［通过（T）/删除（E）/图层（L）］<通过>："。如果已知新对象与原对象的垂直距离，则直接输入偏移距离值后按空格键（或回车），系统将提示"选择要偏移的对象，或［退出（E）/放弃（U）］<退出>："，要偏移的对象每次只能在单一对象上单击鼠标左键选取；"指定要偏移的那一侧上的点，或［退出（E）/多个（M）/放弃（U）］<退出>："，在要偏移的一侧单击鼠标左键，则与原对象平行的新对象就创建完成。如果需要创建多个等距的新对象，可以选择"多个（M）"项，输入 m 后，可以通过多次单击鼠标左键来完成多个副本对象的创建。完成创建，可按空格键或回车结束命令。

　　【实例】　完成由图 3-12a 到图 3-12b 所示图形的绘制，已知偏移距离为 5mm。

　　操作步骤：

　　1）用多段线命令绘出图 3-2a 所示图形；

　　2）输入偏移命令快捷键"O"空格或回车；

　　3）输入偏移距离"5"空格；

　　4）选择要偏移的对象：移动光标到图形对象上，单击鼠标左键；

　　5）选择多个，输入"m"；

　　6）将"□"光标移至图形外侧，连续单击 3 次鼠标左键完成绘制，如图 3-12b 所示。

3.3.3　镜像对象

　　通过"镜像"命令可让新创建的图形对象副本沿指定的路径与源对象成对称图形。操作时需用两点确定镜像线。两点可以是空间的任意位置点，可用坐标值来确定，也可以配合对象捕捉来拾取图形中已有的特

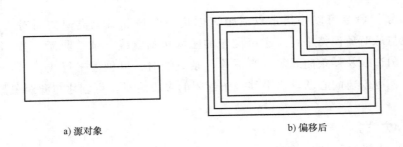

a) 源对象　　　　　　　　b) 偏移后

图 3-12　偏移命令

殊点。

【命令启动方法】

- 菜单栏："修改"→"镜像(I)"。
- 工具栏：单击"修改"工具栏上 ⚠ 图标。
- 命令：MIRROR 或快捷键 MI。

【命令选项】

- 选择对象：选取镜像目标。
- 指定镜像线的第一点：输入对称轴线第一点。
- 指定镜像线的第二点：输入对称轴线第二点。
- 是否删除源对象？［是（Y）/否（N）］（N）：提示选择从图形中删除或保留源对象，源对象根据需要选择删去或者保留，系统默认是保留源对象。

【实例】已知图 3-13 中左侧所示三角形 ABC 和直线 ab，要求创建副本三角形与原三角形相对 ab 对称。

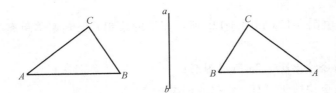

图 3-13　镜像图形

操作步骤：

1）使用直线命令绘制三角形 ABC；

2）输入镜像命令快捷键 "MI" 空格（或回车）；

3）选择源对象：用窗口方式框选三角形 ABC，空格（或回车）；

4）选择镜像直线：配合对象捕捉，单击鼠标左键分别拾取 a、b 两点；

5）提示 "是否删除源对象？［是（Y）/否（N）］（N）:" 根据需要不删除源对象，直接空格（或回车）结束绘制。

3.4　调整对象位置

在 AutoCAD 中，可通过"移动"命令和"旋转"命令来调整图形对象的位置和角度，以达到绘图中的精确定位要求。

3.4.1　移动对象

通过"移动"命令可以将选定的单个对象或者多个对象从它们当前的位置移至新位置。新位置可以通过指定距离或指定点的位置来确定，这种移动不改变对象的尺寸。

【命令启动方法】

- 菜单栏："修改"→"移动(V)"。
- 工具栏：单击"修改"工具栏上⊕图标。
- 命令：MOVE 或快捷键 M。

【实例】　将图 3-14a 中左侧的圆移动至六边形内，圆心与六边形中心点重合，结果如图 3-14b 所示。

操作步骤：

1）输入移动命令的快捷键"M"空格（或回车）；

2）选定要移动对象：光标移至圆上，单击鼠标左键；

3）命令提示行提示"指定基点或

a) 移动前　　　　　　　　b) 移动后

图 3-14　"移动"命令绘制图形

［位移（D）］<位移>："打开对象捕捉，靠近圆周时圆心出现拾取靶，单击鼠标左键捕捉圆心；

4）命令提示行提示"指定第二个点或 <使用第一个点作为位移>："利用对象捕捉，单击鼠标左键拾取六边形中心点。

3.4.2　旋转对象

通过"旋转"命令可以将单个对象或一组对象以指定角度改变其位置，对象的大小不发生改变。在将对象旋转时需要先确定一个参考点，系统将以所选参考点为中心点对对象进行旋转。

【命令启动方法】

- 菜单栏："修改"→"旋转(R)"。
- 工具栏：单击"修改"工具栏上◯图标。
- 命令：ROTATE 或快捷键 RO。

【命令选项】

- ANGDIR：系统变量，用于设置相对当前 UCS（用户坐标系）以 0°为起点的正角度方向。
- ANGBASE：系统变量，用于设置相对当前 UCS 以 0°为基准角的方向。

- 基点：输入一点作为旋转的基点，可以输入绝对坐标，也可输入相对坐标。

- 旋转角度：对象相对于基点的旋转角度，有正、负之分。当输入正角度值时，对象将逆时针旋转；反之则顺时针方向旋转。

- 参照：执行该选项后，系统指定当前参照角度和所需的新角度。可以使用该选项放平一个对象或者将它与图形中的其他要素对齐。

【实例】 如图 3-15 所示，将已知的水平矩形绕左下角点创建一个与原图形对象成 30°的副本图形，且原图形保留。

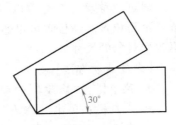

图 3-15　旋转图形

操作步骤：

1）输入旋转快捷键"RO"空格；

2）选择需要旋转的图形对象：选择矩形图形，空格；

3）命令提示行提示"指定基点："，利用对象捕捉，单击鼠标左键，拾取矩形左下角点；

4）命令提示行提示"指定旋转角度，或［复制（C）/参照（R）］<0>:"，选择复制，输入"C"回车；

5）输入复制并旋转的角度"30"空格，完成绘制。

3.5　图层规划

图层是常用的图形组织工具，用户通过创建不同的图层，可以对不同类型的图形对象进行批量管理。每个图层相当于一张透明的图纸，分别绘制一种类型的图形对象，一个图样由若干张透明图纸叠加后形成。通过图层的管理，用户可以分别对每一层上的对象进行绘制、修改和编辑，可以使操作变得很方便、快捷。

3.5.1　新建图层

AutoCAD 的图形文件中有个默认图层，图层名为"0"。该图层默认颜色"7"、默认线型 Continuous、默认线宽。如果复杂图形的所有图形对象都绘制在 0 图层上，会为后续修改及读图带来极大的不便。用户可根据需要创建不同的图层，对不同类型图形对象进行管理，会使图形信息更清晰、更有序，为以后修改、观察及打印图样带来很大便利。

【命令启动方法】

- 菜单栏："格式"→"图层"。

- 工具栏：单击"图层"工具栏上 图标。

- 命令：LAYER 或快捷键 LA。

执行"图层"命令后，将会弹出"图层特性管理器"对话框，如图 3-16 所示。单击"图层特性管理器"对话框左上方标题行上的控制按钮 ，关闭该对话框。

在弹出的"图层特性管理器"面板上，单击新建图层 图标。此时，系统会在默认图层下方创建一个新的图层，或者在名称列表单击鼠标右键在快捷菜单中选择"新建图层"项即可新建图层，如图 3-17 所示。

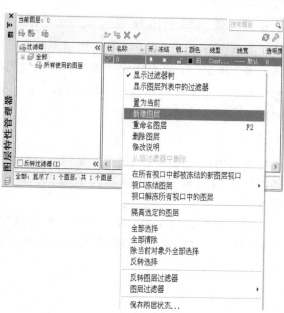

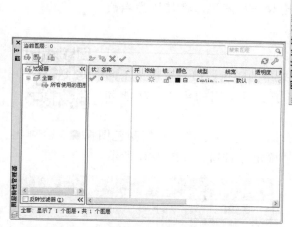

图 3-16　"图层特性管理器"对话框

图 3-17　新建图层

3.5.2　重命名图层

当新建图层后，图层名称默认为编辑状态。用户可以直接输入图层的名称，重命名图层。如未输入图层名称，系统默认图层名依次为图层 1、图层 2……。对列表框中已有的图层，也可随时单击所选图层的名称，对其进行重命名。系统默认生成的 0 层不可重命名。

学生绘图可设置"粗实线"（csx）、"细实线"（xsx）、"点画线"（dhx）、"虚线"（xx）、"文字"（wz）、"标注"（dim）6 个图层，如图 3-18 所示。

3.5.3　删除图层

选择某一图层后，该图层名称变为蓝色，如图 3-19 所示。单击删除"❌"图标，或者在要删除的图层上单击鼠标右键，在弹出的快捷菜单中选择"删除图层"项，即可删除该图层。0 层、Defpoints 层、当前图层、包含对象的图层、依赖外部参照的图层，这几种图层不能删除。

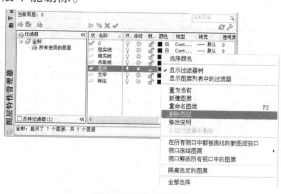

图 3-18　学生绘图用图层

图 3-19　删除图层

3.5.4 置为当前图层

绘制图形对象只能是在某一图层中绘制，这个图层即为当前图层。当创建了多个图层后，需要指定绘制图形对象的图层。可以通过"图层特性管理器"面板，单击置为当前图层 ✔ 图标，或直接双击某图层，将其置为当前图层，如图 3-20 所示。

3.5.5 设置图层的颜色

图层的颜色是指在该层上绘制图形对象时采用的颜色。用户可以为不同的图层中的图形对象设置不同的颜色，可用于表示不同的组件、功能和区域。

打开"图层特性管理器"面板，单击需要修改颜色的图层的右侧颜色图标■，会弹出"选择颜色"对话框，选择需要的颜色，单击"确定"按钮，如图 3-21 所示。

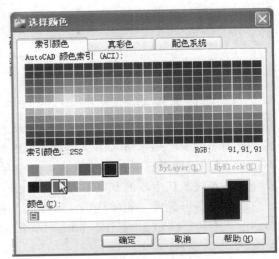

图 3-21 "选择颜色"对话框

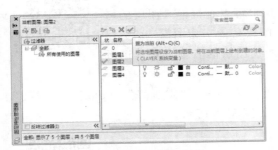

图 3-20 置为当前图层

"选择颜色"对话框中有 3 个选项卡，分别为"索引颜色""真彩色"和"配色系统"，这是系统的 3 种配色方法，用户可以根据不同的需要使用不同的配色方案为图层设置颜色，通常可根据表 3-1 来设置学生绘图的图层颜色。

表 3-1 学生常用绘图图层设置

No	图层名	线 型	图层颜色	线宽/mm	应用举例
01	粗实线	——————	品红	0.7/0.5	可见轮廓线、可见过渡线
02	细实线	——————	白	0.35/0.25	尺寸线、尺寸界线、剖面线
03	虚线	— — — — — —	黄	默认	不可见轮廓线、不可见过渡线
04	细点画线	—— - —— - ——	红	默认	轴线、对称中心线、节圆和节线
05	标注	——————	绿	默认	标注尺寸
06	文字	——————	绿	默认	书写技术要求等文字

3.5.6　设置图层的线型

　　线型是指绘制图形的线条形式。0 层的默认线型名为 Continuous，为连续线型，即为实线。打开"图层特性管理器"面板，单击要修改线型的图层右侧的线型对应的图标，例如 0 层的 Continuous 图标，将弹出"选择线型"对话框，如图 3-22 所示。机械图样中的常见线型见表 3-1。

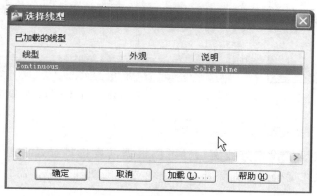

图 3-22　"选择线型"对话框

　　单击"加载"按钮，弹出"加载或重载线型"对话框，如图 3-23 所示。在可用线型列表中选择需要的线型，单击"确定"按钮。

　　界面将返回到"选择线型"对话框，但在已加载的线型列表中新增了新加载的线型，如图 3-24 所示。从已加载的线型列表中选择该线型，单击"确定"按钮。

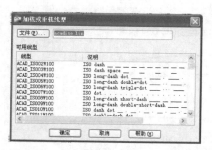

图 3-23　"加载或重载线型"对话框

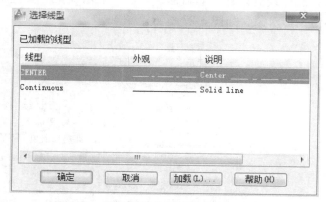

图 3-24　新加载后的"选择线型"对话框

3.5.7　设置图层的线宽

　　在图样中常需用到不同粗细的线条来进行表达，如在机械图样中，可见轮廓线用粗实线表达，剖面线用细实线表达。在未进行线宽设置的情况下，AutoCAD 线宽为"默认"。单击图层列表框中所选图层右侧线宽的对应图标，如"默认"，弹出"线宽"对话框，如图 3-25 所示。

　　从"线宽"列表中选择图层合适的线宽。在机械图样中细实线线宽为 0.25mm 或 0.35mm，粗实线线宽应为细实线线宽的二倍，其他线型的线宽与细实线线宽一致，如图3-26所示。

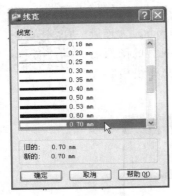

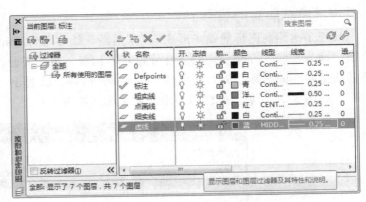

图 3-25 "线宽"对话框

图 3-26 机械图样图层设置

3.5.8 显示与隐藏线宽

当用户通过图层设置设定好线宽后，可以根据需要选择显示和隐藏线宽。系统默认为隐藏线宽模式，如要查看设置线宽后的图样效果，需打开线宽显示。

【命令启动方法】

- 菜单栏："格式"→"线宽"。
- 状态栏：单击状态栏上 ＋ 图标。

单击状态栏上 ＋ 图标，即可打开或隐藏线宽。选择"格式"菜单中的"线宽"选项，将弹出"线宽设置"对话框，勾选"显示线宽"复选框，则系统将按各图层所设置的线宽显示图形对象，如图 3-27 所示。

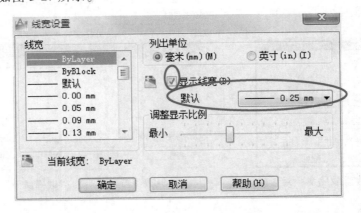

图 3-27 "线宽设置"对话框

在"线宽设置"对话框中，还可以设置默认线宽，如在绘制机械图样时，将默认线宽设置为"0.25mm"，则除了粗实线层以外的其他图层都为默认线宽，不需设置线宽，如图3-27 所示。

在状态栏 ＋ 图标上单击鼠标右键，选择弹出菜单中的"设置"项，也将弹出"线宽设置"对话框。

3.6 图层管理

当工程图样包含大量信息时将会有很多图层，如果用户只需要对某一图层进行操作，可通过控制图层状态使编辑、绘制和观察等工作变得更方便一些。图层管理主要包括打开与关闭、冻结与解冻、锁定与解锁、打印与不打印等，系统用不同形式的图标表示这些状态，用户可通过"图层特性管理器"对话框对图层状态进行控制。

3.6.1 打开、冻结、锁定图层

通过"图层特性管理器"面板可以对图层进行打开、冻结与锁定等管理操作，如图 3-28 所示。

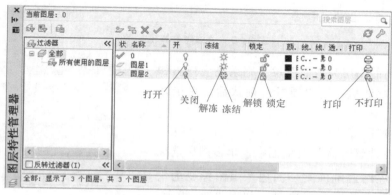

图 3-28　图层的管理

1. 关闭和打开图层

在"图层特性管理器"对话框中，单击图层右侧 💡 图标可以关闭和打开图层。图标为浅蓝色时，图层处于关闭状态；图标为黄色时，图层处于打开状态，如图 3-29 所示的"xx"虚线层。

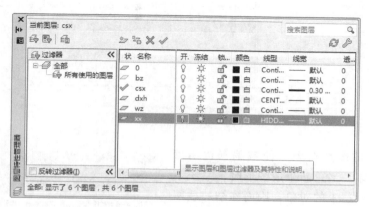

图 3-29　关闭"xx"虚线层

打开的图层上的图形对象是可见的，关闭的图层上的图形对象不可见，也不能被打印。当重新生成图形时，被关闭的图层将一起生成，如图 3-30 所示。

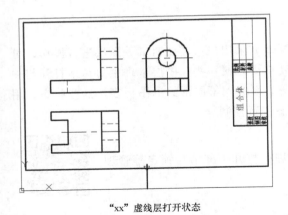
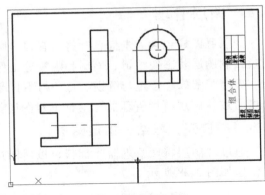

"xx"虚线层打开状态　　　　　　　　　　"xx"虚线层关闭状态

图 3-30　关闭与打开图层

　　如果所关闭的图层为当前图层，则系统会弹出如图 3-31 所示的对话框，用户须进行确认后，系统才执行关闭操作

　　2. 冻结和解冻图层

　　在"图层特性管理器"对话框中，单击图层选项的 ☼ 图标，将冻结或解冻某一图层。当图标变为雪花图标时，说明该图层已被冻结，如图 3-32 所示；当图标为小太阳图标时，说明该图层处于解冻状态。解冻状态的图层上的图形对象可见，冻

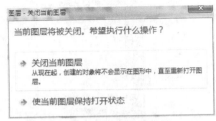

图 3-31　关闭当前图层

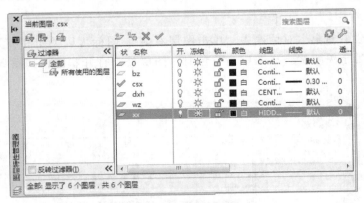

图 3-32　冻结图层

结状态的图层上的图形对象不能被编辑也不可见，且不能被打印。当重新生成图形时，系统不再重新生成冻结图层上的对象，因而冻结一些图层后，可以加快执行 ZOOM、PAN 等命令和许多其他操作的运行速度。

　　当前图层不能被冻结，单击当前图层的冻结图标时，会弹出错误信息提示框，如图 3-33 所示。

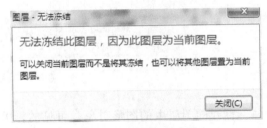

图 3-33　错误信息提示框

3. 锁定和解锁图层

在"图层特性管理器"对话框中，单击图层选项的 图标，将锁定或解锁图层。当小锁呈锁定状态时，说明图层被锁定，如图 3-34 所示。

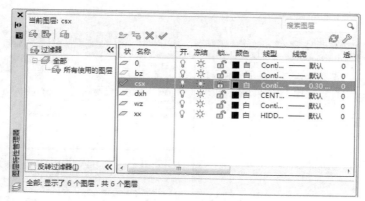

图 3-34　锁定"csx"图层

被锁定的图层上的图形对象仍然可见，但不能被编辑，且对象颜色呈暗色。当光标移动到已锁定的图形上时，在光标旁将出现小锁图标。被锁定的图层仍可以设置为当前图层，并能在图层上添加图形对象，如图 3-35 所示。

4. 打印与不打印

在"图层特性管理器"对话框中，单击图层选项的 🖨 图标，可设定图层是否打印。指定某层不打印，该图层上的图形对象仍会显示。不打印设置只对图样中打开并解冻状态的图层有效。若图层设置为打印，但该图层状态是冻结或关闭时，AutoCAD 不打印该图层。

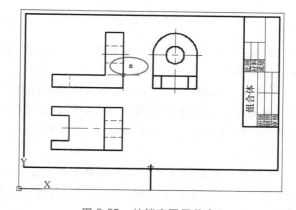

图 3-35　被锁定图层状态

除了利用"图层特性管理器"对话框控制图层状态外，用户还可通过"图层"工具栏上的"图层控制"下拉列表控制图层状态，如图 3-36 所示。

3.6.2　设置线型比例

在使用点画线、虚线等非连续线型时，经常会发现在图样上显示出来的线条却是连续线条。出现这种情况的原因是，线型

图 3-36　"图层"工具栏

比例设置得太大或者太小，可通过重新设定线型比例来调整。

【命令启动方法】

● 菜单栏："格式"→"线型"。

● 命令：LINETYPE。

执行"线型"命令后，将弹出"线型管理器"对话框，如图3-37所示。

单击"显示细节"按钮，"线型管理器"对话框下将弹出"详细信息"，如图3-38所示。

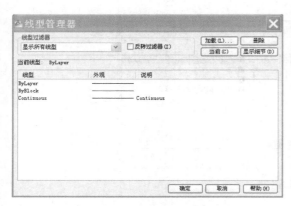

图3-37 "线型管理器"对话框

图3-38 显示细节的"线型管理器"对话框

在"详细信息"栏中，可更改"全局比例因子"或"当前对象缩放比例"数值，系统默认比例为1。

"全局比例因子"用于设置图形中所有线型的比例。改变"全局比例因子"的数值，图形中所有非连续线型的线段长短、间隔发生变化。数值越大，非连续线型中的每单个线段长度越长，线段之间的间隔距离越大。还可以通过命令LTSCALE（快捷键LTS）来更改"全局比例因子"。

"当前对象缩放比例"只影响修改此项后所绘制的非连续线型的图线比例，对修改前已存在的非连续线型没有影响。还可以通过命令CELTSCALE（快捷键CELT）来改变"当前对象缩放比例"。

3.7 文字的应用

文字是机械图样中必不可少的组成部分。在一个完整的图样中，往往要包含一些文字注释来表达相关信息，如机械图样中的标题栏信息、技术要求、装配说明等。在AutoCAD中，用户可以用多行文字或单行文字命令来添加各种文字信息。

3.7.1 文字样式设定

所有文字都需要有相应的字体、字号。在AutoCAD中提供了"文字样式"，可以对有相同要求的文字进行样式的设置，便于批量管理。用户可以使用AutoCAD默认的文字样式创建文字，也可以根据图样要求自行设置和创建文字样式。

【命令启动方法】

● 菜单栏："格式"→"文字样式"。

● 工具栏：单击 图标。

- 命令行：STYLE 或快捷键 ST。

执行"文件样式"命令操作后，将弹出"文字样式"对话框，如图 3-39 所示。

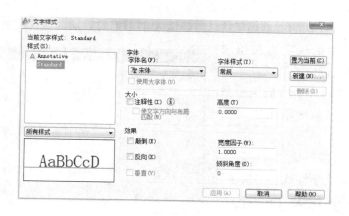

图 3-39 "文字样式"对话框

在"文字样式"对话框中，可对文字样式进行"置为当前""新建"和"删除"操作，可对已有的文字样式字体、大小与效果进行设置。"文字样式"对话框中各选项含义如下：

（1）置为当前 单击此按钮可以将对话框左侧样式列表中选定的文字样式设置为当前样式。当添加文字时，系统默认以此样式的设定进行添加。

（2）新建 单击此按钮，弹出"新建文字样式"对话框，系统默认样式名为"样式 1""样式 2"……，默认为修改状态，可直接输入自定义的样式名，以创建新的文字样式，如图 3-40 所示。

图 3-40 "新建文字样式"对话框

（3）删除 单击此按钮就可以将样式列表框中选中的文字样式删除。当前样式和在图形文件中已使用的文字样式不能被删除。当选中当前样式或使用中的文字样式时，"删除"按钮为灰色。

（4）字体 在"字体名"下拉列表中罗列了所有的字体。带有双"T"标志的字体是 Windows 系统提供的 TrueType 字体，其他字体是 AutoCAD 自带的字体。字体名前方有"@"符号的字体为旋转 90°的字体。

"使用大字体"前方的复选框在中文字体状态是灰色，不可勾选，只有选择字体为非汉字字体时该复选框才可勾选。大字体是指专为亚洲国家设计的文字字体，其中"gbcbig.shx"字体是符合国标的工程汉字字体，该字体文件还包含一些常用的特殊符号。由于"gbcbig.shx"中不包含西文字体定义，因而在机械图样中一般都将其与"gbenor.shx"和"gbeitc.shx"字体配合使用。

（5）高度 输入字体的高度。用户可以在该字框中指定字体高度，一般机械图样不在此指定字体高度，而是在标注样式中指定字体高度。

（6）颠倒 选择此复选项，文字将上下颠倒显示。该复选项仅影响单行文字。

（7）反向 选择该复选项，文字将首尾反向显示。该复选项仅影响单行文字。

（8）垂直 选择该复选项，文字将沿竖直方向排列。

（9）宽度因子 默认的宽度因子为1。若输入小于1的数值，则文字将变窄，否则文字变宽。在机械图样中的汉字为长仿宋体，就需将宽度因子设定为0.7。

（10）倾斜角度 该文本框用于指定字体的倾斜角度，角度值为正时向右倾斜。

在机械图样中常需新建"汉字"与"数字与字母"两个文字样式。"汉字"样式中字体选择"仿宋_GB2312"，宽度因子为"0.7"，其他项为默认值，如图3-41所示。

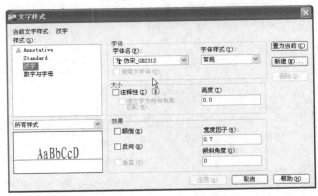

图 3-41 文字样式—"汉字"

"数字与字母"样式中字体选择"gbeitc.shx"，勾选"使用大字体"，选择大字体"gbcbig.shx"，宽度因子为"1"，其他项为默认值，如图3-42所示。

在"文字样式"对话框左侧的样式列表中，单击鼠标选定一种文字样式，再单击鼠标右键，弹出快捷菜单，可以对选定样式进行"置为当前""重命名"和"删除"操作，如图3-43所示。

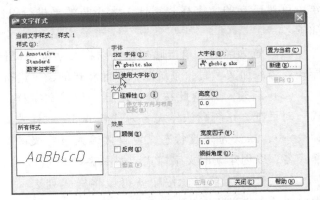

图 3-42 文字样式—"数字与字母"

关闭"文字样式"对话框后，可以通过窗口上"样式"工具栏中的"文字样式"工具栏的下拉列表对文字样式进行切换，如图3-44所示。

图 3-43 样式操作的快捷菜单

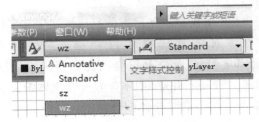

图 3-44 文字样式工具栏

3.7.2　单行文字

单行文字一般用于创建文字较少的对象。每行文字都是一个对象，可以对其进行定位、调整格式或进行一些修改。

【命令启动方法】
- 菜单栏："绘图"→"文字"→"单行文字"。
- 命令：TEXT。

在添加文字前，先应选择好合适的文字样式，执行"单行文字"命令后，命令提示行会进行提示，提示当前文字样式、文字高度和注释性，根据提示可以指定文字的起点、文字对正的形式及文字样式，如图 3-45 所示。

```
命令: TEXT
当前文字样式: "wz"  文字高度: 0.2000  注释性: 否
指定文字的起点或 [对正(J)/样式(S)]:
```

图 3-45　单行文字命令提示

可直接在绘图区域所需文字的位置单击鼠标左键，指定文字的起点；也可在选择对正和样式选项，重新设定对正和样式后，再指定文字的起点。确定文字的起点后，根据系统提示依次输入文字的高度和旋转角度，一般情况下文字旋转角度用默认的 0°。

输入所需的文字后，要在空白位置单击鼠标左键，再按 Esc 键，才能退出输入状态。如果不在文字以外的空白位置单击鼠标，直接按 Esc 键，则将取消文字的输入。

也可按两次 Enter 键结束输入。在输入过程中，按一次 Enter 键，系统默认为换行。但每一行文字均为一个单独的图形对象，如图 3-46 所示。

在默认状态下，单击单行文字可以对其内容进行修改，不能改变其他参数。用户可以启动状态栏中的"快捷特性"图标，在快捷特性打开状态下单击单行文字，会弹出对话框，除可以修改内容外，还可以对其他参数进行修改，如图 3-47 所示。

文字	
图层	0
内容	iiiiiii
样式	wz
注释性	否
对正	左对齐
高度	5.0000
旋转	0

CAD教程
图形对象
多行文字
单行文字

图 3-46　每行文字为一个单独的图形对象

CAD教程
图形对象
多行文字
单行文字

图 3-47　"快捷特性"打开状态下的"文字"对话框

3.7.3　多行文字

多行文字可创建段落文字，可以由多个文字行或段落组成。在创建多行文字时，所创建的多个文字行或段落组被视为一个对象，用户可以对其进行整体操作。多行文字常用于机械图样中技术要求和说明等的注写。多行文字命令能方便地输入文字，在同一个对象中还可以使用不同的字体和文字样式。

【命令启动方法】

- 菜单栏："绘图"→"文字"→"多行文字"。
- 工具栏：单击"绘图"工具栏上 A 图标。
- 命令：MTEXT 或快捷键 T 或 MT。

执行"多行文字"命令后，在命令提示行会提示当前文字样式、文字高度、注释性和"指定第一角点:"，可以在绘图区依次单击鼠标左键确定第一角点和第二角点，系统会根据两个角点新建一个多行文字文本框，并弹出"文字编辑器"，如图 3-48 所示。也可根据系统提示"指定对角点或〔高度（H）/对正（J）/行距（L）/旋转（R）/样式（S）/宽度（W）/栏（C）〕:"选择对应的选项进行设置，各选项含义如下。

【命令选项】

- 高度（H）：指定输入文字的字高。
- 对正（J）：指定文字在文本输入区域的对正方式。
- 行距（L）：指定行距类型。
- 旋转（R）：对文本旋转指定角度。
- 样式（S）：指定文字的样式。
- 宽度（W）：指定文本横向范围的宽度。
- 栏（C）：定义文本输入区域的栏高、类型、宽度等。

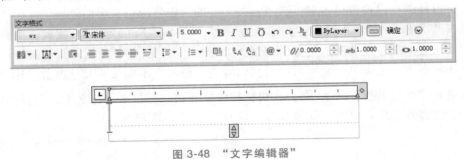

图 3-48 "文字编辑器"

【实例】创建如图 3-49 所示多行文字。

操作步骤：

1）执行文字样式命令：单击样式工具栏中 A 图标，按图 3-41、图 3-42 所示，分别新建"汉字"和"数字与字母"两种文字样式；

2）执行多行文字命令：输入快捷命令"T"空格（或回车）；

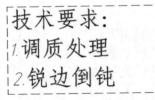

图 3-49 技术要求

3）移动光标至绘图区中要添加文字的位置，依次单击鼠标左键，确定多行文字文本框的两个对角点；

4）在弹出的"多行文字编辑器"对话框的文本区域输入文字；

5）分别选择"1."和"2."，在样式下拉框中，将文字样式改为"数字与字母"；

6）输入完成，单击"文本格式"右侧"确定"按钮，结束文字输入。

3.7.4　使用多行文字中的"堆叠"特性

在多行文字中还可以使用"堆叠"特性创建分数、斜分数和公差。在多行文字对话框中录入"%%c30+0.015/−0.012"，显示结果如图3-50所示。

图 3-50　录入多行文字

选中如图3-51所示文字，单击"文字格式"对话框中的 图标（"堆叠"）。堆叠后如图3-52所示。

图 3-51　选中要堆叠文字

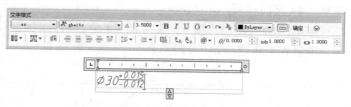

图 3-52　堆叠成分式

选中分式，如图3-53所示。单击鼠标右键，在弹出的快捷菜单中选择"堆叠特性"。在弹出的"堆叠特性"对话框中，选择公差项、对中的位置，单击"确定"按钮，如图3-54所示。这时堆叠文字将成为公差样式，结果如图3-55所示。

图 3-53　选中分式

在机械图样中常需要输入直径、角度及公差的正负号等特殊符号，在 AutoCAD 中提供了快捷的替代符号，在输入替代符号后，系统自动转换为相应的特殊符号。替代符号见表3-2。

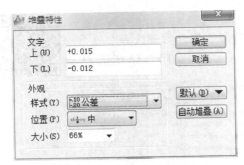

图 3-54　"堆叠特性"对话框

图 3-55　堆叠后文字

表 3-2　替代符号

替代字符	符　　号
%%c	φ
%%d	°
%%p	±

3.8　综合运用——定制 A4 样板文件

创建如图 3-1 所示机械图样中的 A4 横放样板文件。

1）新建文件；

2）将文件另存为"A4 竖放样板 .dwt"；

3）单击"格式"菜单中的"图形界限"，根据表 3-3 中 A4 图纸幅面设置图形界限，指定左下角点（0，0），指定右上角点（210，297）；

表 3-3　图纸幅面　　　　　　　　　　　　　　　　（单位：mm）

幅面代号	A0	A1	A2	A3	A4
$B \times L$	841×1189	594×841	420×594	297×420	210×297
e	20			10	
c	10			5	
a	25				

注：在 CAD 绘图中对图纸有加长宽的要求时，应按基本幅面的短边（B）成整数倍增加。

4）如图 3-26 所示设置图层，并将"细实线"层设置为当前图层；

5）用直线命令绘制 A4 图纸的图幅框：按 F8 键打开正交模式，输入直线命令快捷键"L"空格→输入"0，0"空格→鼠标向右移动，输入"210"空格→鼠标向上移动，输入"297"空格→鼠标向左移动，输入"210"→闭合线段，输入"C"，效果如图 3-56 所示；

6）使用偏移命令绘制图框：在机械图样中带装订边 A4 图纸的图框，左侧偏移距离为 25mm，其他三向偏移距离为 5mm，输入偏移命令快捷键"O"空格→"25"空格→单击线段 1→在线段 1 右侧单击→空格（结束偏移命令）→空格（重复偏移命令）→"5"→空格→单击线段 2→在线段 2 下方单击→单击线段 3→在线段 3 左侧单击→单击线段 4→在线段 4 上方单击→空格，结束偏移，效果如图 3-57 所示；

7）使用修剪命令清除多余线条：输入修剪命令快捷键"TR"空格→空格（默认为全选）→分别在图 3-57 所示 8 条虚线线段上单击鼠标左键→回车，结束修剪，结果如图 3-58 所示；

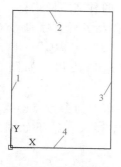

图 3-56　绘制图幅框

图 3-57　绘制图框

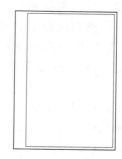

图 3-58　修剪图框线

8）按照前述的操作方法，绘制标题栏框线，并将 A4 图框（内框）和标题栏外框切换到"粗实线"层，如图 3-59 所示；

9）绘制简易标题栏，如图 3-60 所示；

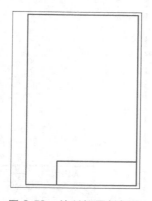

图 3-59　绘制标题栏框线

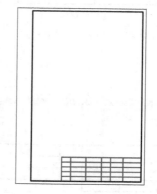

图 3-60　切换到"粗实线"层

10）根据图 3-61 所示简易标题栏，使用修剪命令修剪标题栏中多余线段：输入修剪命

图 3-61　学生用简易标题栏

令快捷键"TR"空格→空格→输入"C",选用交叉窗口方式进行修剪,如图3-62中3个选择框→空格或回车结束命令;

11)修剪后,多余的线条可使用删除命令进行删除,并将标题栏内部直线段切换到"细实线"层;

12)按图3-41和图3-42所示,新建"汉字"和"数字与字母"两种文字样式;

13)将当前图层切换到"文字层",填写标题栏文字内容:输入多行文字命令快捷键"T"空格→单击鼠标,确定第一角点→选择对正方式,输入"J"→"MC"→单击鼠标左键,确定第二角点→在文本区域输入"班级"→单击"确定"按钮,如图3-63所示;

14)使用复制命令,选定"班级",捕捉文字所在单元格的某一角点为参考点,复制到各个单元格;双击复制的副本,修改文字内容,完成标题栏的文字输入,结果如图3-64所示;

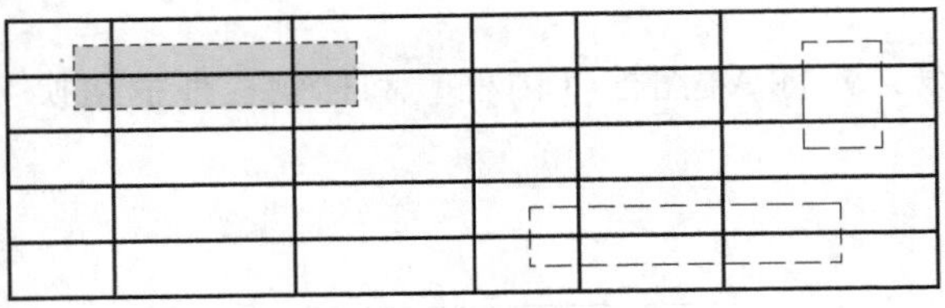

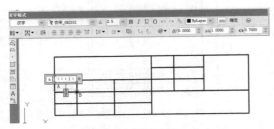

图 3-62　修剪对话框

图 3-63　输入标题栏中文字

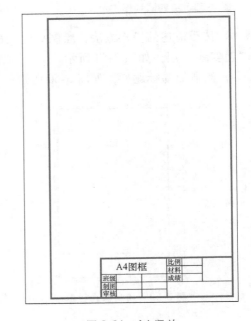

图 3-64　A4 竖放

15)单击 💾 图标,保存图形文件为".dwt"的A4竖放样板文件;

16)使用旋转命令,将整个图形逆时针旋转90°;

17)使用移动命令,捕捉横放后的左下角点,移动到坐标原点(0,0);

18)在装订边中点处,绘制看图方向符号;

19)完成绘制,将样板文件另存为"A4横放.dwt"。

3.9　项目拓展

1)在已经创建好的A4横放及A4竖放的样板文件基础上,创建A3横放样板,如图3-65所示。

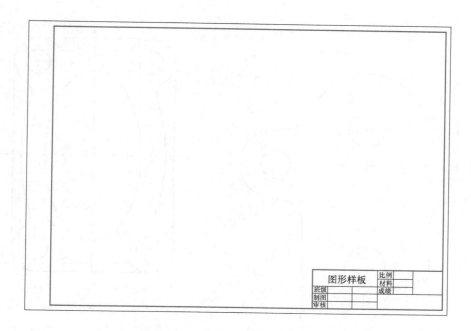

图 3-65　拓展题七（A3 横放样板）

2）绘制图 3-66~图 3-71 所示的平面图形。

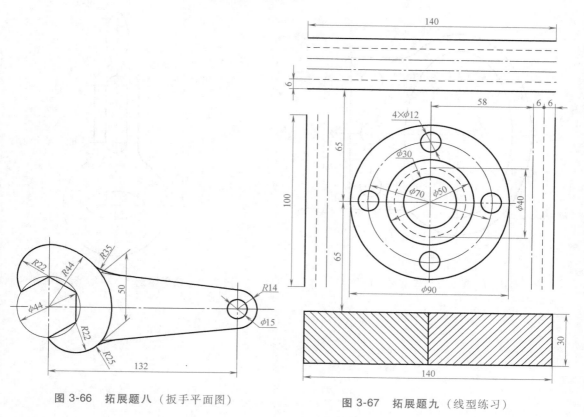

图 3-66　拓展题八（扳手平面图）

图 3-67　拓展题九（线型练习）

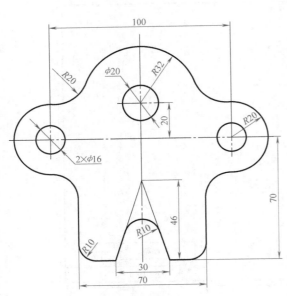

图 3-68　拓展题十（平面图形 1）

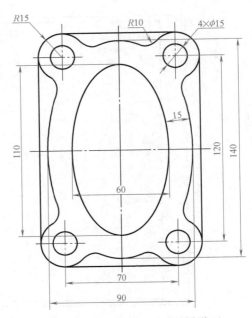

图 3-69　拓展题十一（平面图形 2）

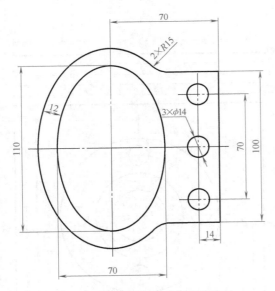

图 3-70　拓展题十二（平面图形 3）

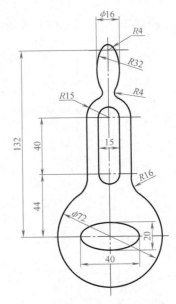

图 3-71　拓展题十三（手柄平面图形）

绘制机件三视图

学习目标

- 熟练掌握二维图形基本编辑方法
- 掌握二维图形高级编辑方法
- 能综合运用,绘制中等复杂程度机件的三视图

项目任务

绘制如图 4-1 所示支架的三视图。要求采用 1:1 比例绘制,A4 横放,不标注尺寸。保存为图形文件。

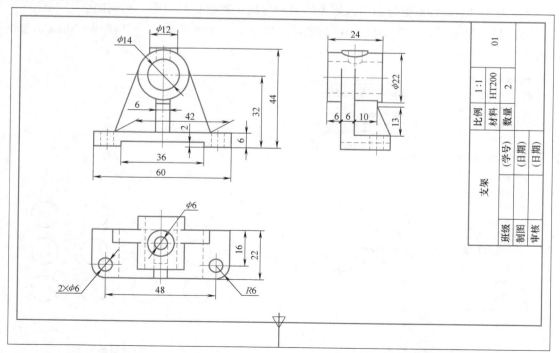

图 4-1　支架三视图

项目知识点

4.1 阵列对象

在绘制图样时，经常遇到具有一定分布规律的图形对象，除了前面所学过的复制对象等几种方法外，在 AutoCAD 中，可以使用"矩形阵列""环形阵列""路径阵列"命令更加快速地复制和排布图形对象。阵列对象是将所选图形按照一定数量、角度或距离进行复制，以生成多个副本图形。

4.1.1 矩形阵列

矩形阵列是将所选对象按照指定的行数、列数以及间距、旋转角度创建图形对象副本。

【命令启动方法】

- 菜单栏："修改"→"阵列"→"矩形阵列"，如图 4-2 所示。

- 工具栏：单击"修改"工具栏上 ⊞⊟ 图标。

- 命令：ARRAYRECT 或快捷键 AR。

【命令选项】

- 为项目数指定对角点：以用户确定的两个对角点为矩形，按指定的行数、列数均匀分布图形对象副本，系统默认为此项。

- 阵列基点 [B]：指定复制对象的参考点。

- 阵列角度 [A]：输入矩形阵列相对 UCS 坐标系中的 X 轴旋转的角度。

- 计数 [C]：按步骤分别输入矩形阵列的行数、列数、行间距、列间距。

【实例】 已知圆的直径 $\phi 10$mm，行数 3、列数 4，行间距 15mm、列间距 20mm，绘制如图 4-3 所示图形。

图 4-2 "矩形阵列"下拉菜单

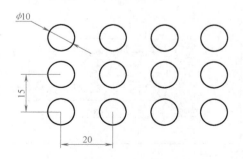

图 4-3 均布的图形对象

操作步骤：

1）绘制左下角 φ10mm 的一个圆，输入圆命令快捷键 "C" 空格（或回车）；

2）单击鼠标左键，在屏幕上指定任意一点为圆心，输入圆的半径 "5" 空格（或回车）；

3）执行矩形阵列命令，单击工具栏上 ▦ 图标；

4）选择第一步绘制的圆，空格（或回车）；

5）指定阵列对象的参考点，选择基点项，输入 "B" 空格，利用对象捕捉，拾取圆心；

6）选择计数项，输入 "C" 空格；

7）依次输入行数、列数 "3" 空格→"4" 空格；

8）选择间距项，输入 "S" 空格；

9）依次输入行间距和列间距，输入 "15" 空格→"20" 空格；

10）结束绘制。

注意：X 轴向右，列间距为正；Y 轴向上，行间距为正。

【实例】　已知圆的直径 φ10mm，行数 3、列数 4，均匀分布在 60mm×30mm 的矩形框中，绘制如图 4-4 所示图形。

操作步骤：

1）绘制矩形，输入矩形命令快捷键 "REC" 空格（或回车）；

2）单击鼠标左键，在屏幕上指定任意一点为角点，输入另一角点的相对坐标 "@60，30" 空格（或回车）；

3）输入圆命令快捷键 "C" 空格；

4）拾取矩形左下角点为圆心，输入半径 "5" 空格，结果如图 4-5 所示；

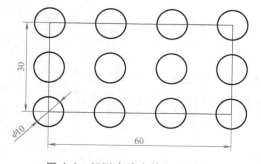

图 4-4　矩形内均布的图形对象

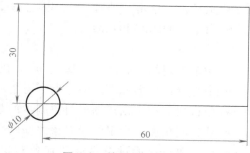

图 4-5　绘制矩形框及圆

5）执行矩形阵列命令，单击工具栏上 ▦ 图标；

6）选择第一步绘制的圆，空格（或回车）；

7）选择计数项，输入 "C" 空格；

8）依次输入行数、列数 "3" 空格→"4" 空格；

9）单击鼠标左键，拾取矩形框右上角点，如图 4-6 所示；

10）在弹出的菜单中，选择 "关联" 项，如图 4-6 所示，在级联菜单中选择 "否"，如图 4-7 所示；

11）结束绘制。

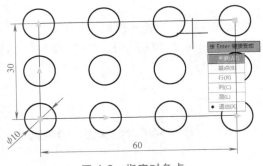

图 4-6　指定对角点

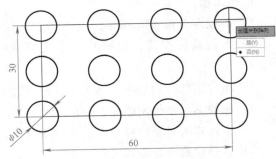

图 4-7　图形对象不关联

注意：系统默认阵列的对象处于关联状态。关联状态下，原图形对象与新创建的图形对象副本会成为一个图形对象。选择不关联，可将原图形对象与各图形对象副本分别作为不同的图形对象，以便于对单个对象进行操作。关联生成的一个对象，可以用分解命令将其分解成多个对象。一个图形文件中，选择了一次不关联后，再进行阵列命令时，系统将默认为不关联。

4.1.2　环形阵列

在图样中还经常有图形对象是呈环形均匀分布的。在 AutoCAD 中，除了可以使用"矩形阵列"外，还经常使用"环形阵列"命令来复制图形对象创建图形对象副本。对图形对象进行环形阵列时，需要指定环形阵列的中心点、生成对象的数目以及填充角度等。

【命令启动方法】

- 菜单栏："修改"→"阵列"→"环形阵列"，如图 4-2 所示。
- 工具栏：单击"修改"工具栏上 图标。
- 命令：ARRAYPOLAR。

【命令选项】

- 指定阵列的中心点或［基点（B）/旋转轴（A）］：默认项为指定阵列的中心点。
- 中心点：环形阵列的中心点，可拾取屏幕上的点或输入点的坐标来确定。
- 项目数：指定创建图形对象副本的数量。
- 项目间角度：指定图形对象之间的角度。
- 填充角度：通过总角度和阵列对象之间的角度来控制创建对象副本的数量。
- 旋转项：控制在排列项目时是否旋转图形对象。

【实例】　已知 4 个 $\phi12$mm 的圆，均布在 $\phi40$mm 的圆上，如图 4-8 所示，利用环形阵列绘制图形。

操作步骤：

1）绘制圆，输入圆命令快捷键"C"空格；

2）单击鼠标左键，拾取 $\phi40$mm 圆的象限分界点为圆心，输入半径"6"空格；

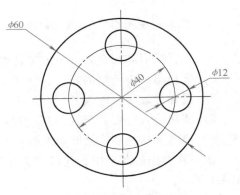

图 4-8　环形阵列绘制图形

3）执行环形阵列命令，单击"修改"工具栏上 图标；

4）确定要阵列的图形对象，选择半径为"6"的圆，空格；

5）确定要环形阵列的中心点，拾取 ϕ40mm 的圆心；

6）输入要阵列的项目数，输入"4"空格；

7）指定填充角度，系统默认空格为 360°，选择系统默认值，空格；

8）结束命令。

4.1.3　路径阵列

在图样中，除呈矩形或环形均布的图形对象外，还有图形对象在一指定的图形路径上均匀分布或等距分布。在 AutoCAD 中，可以使用"路径阵列"命令来创建这种分布形式的图形对象副本。

【命令启动方法】

- 菜单栏："修改"→"阵列"→"路径阵列"，如图 4-2 所示。
- 工具栏：单击"修改"工具栏上 图标。
- 命令：ARRAYPATH。

【命令选项】

- 选择路径曲线：路径可以是直线、多段线、三维多段线、样条曲线、螺旋线、圆弧、圆或者椭圆。
- 方法：控制在编辑路径或项目数时如何分布项目。
- 分割：分布项目以使其沿路径的长度平均定数等分。
- 测量：编辑路径时，或者当通过夹点或"特性"选项板编辑项目数时，保持当时间距。
- 全部：指定第一个和最后一个项目之间的总距离。
- 表达式：定义表达式，使用数学公式或方程式获取值。
- 层级：指定层数和层间距。
- 对齐项目：指定是否对齐每个项目以与路径的方向相切。
- Z 方向：控制是否保持项目的原始 Z 方向或沿三维路径自然倾斜项目。

【实例】 已知 5 个 ϕ10mm 的圆，均布在样条曲线上，如图 4-9 所示，利用路径阵列绘制图形。

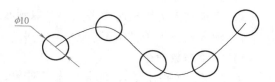

图 4-9　路径阵列绘制图形

操作步骤：

1）绘制圆，输入圆命令快捷键"C"空格；

2）单击鼠标左键，拾取样条曲线端点为圆心，输入半径"5"空格；

3）执行路径阵列命令，单击"修改"工具栏上 图标；

4）选择阵列对象，选择 ϕ10mm 的圆，空格；

5）选择路径曲线，选择样条曲线；

6）输入项目数"5"空格；

7）可以通过指定项目之间的距离或定数等分来创建图形对象副本，系统默认为定数等分，选择默认项，空格；

8）选择是否关联，选择默认项，空格；

9）结束阵列。

4.2 调整对象尺寸

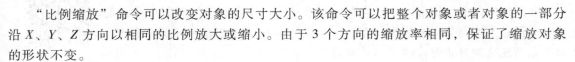

4.2.1 缩放对象

"比例缩放"命令可以改变对象的尺寸大小。该命令可以把整个对象或者对象的一部分沿 X、Y、Z 方向以相同的比例放大或缩小。由于 3 个方向的缩放率相同，保证了缩放对象的形状不变。

【命令启动方法】

- 菜单栏："修改"→"缩放"。

- 工具栏：单击"修改"工具栏上 ▢ 图标。

- 命令：SCALE 或快捷键 SC。

【命令选项】

- 基点：是指在比例缩放中的基准点（即缩放中心点），选定基点后拖动光标时图像将按移动光标的幅度（光标与基点的距离）放大或缩小。另外也可输入具体比例因子进行缩放。

- 比例因子：按指定的比例将选定的对象进行缩放。大于 1 的比例因子将对象放大，介于 0 和 1 之间的比例因子将对象缩小，原对象尺寸被改变。

【实例】 将图 4-10a 中的圆缩小到一半大小，圆心位置不变，结果如图 4-10b 所示。

操作步骤：

1）输入缩放命令快捷键"SC"空格；

2）选择要缩放对象，选择圆，空格；

3）指定基点为缩放时参考点，拾取圆心；

4）输入比例因子"0.5"空格；

5）结束缩放命令。

a) 缩放前　　　　b) 缩放后

图 4-10 比例缩放图形对象

- 复制：按指定的比例缩放选定对象，创建缩放的图形对象副本，同时保留原图形对象。

【实例】 将图 4-11a 中的圆复制一个缩小一半的同圆心圆，结果如图 4-11b 所示。

操作步骤：

1）输入缩放命令快捷键"SC"空格；

2）选择要缩放对象，选择圆，空格；

3）指定基点为缩放时参考点，拾取圆心；

4）选择复制项，输入"C"空格；

5）输入比例因子"0.5"空格；

6）结束缩放命令。

a) 缩放前　　　　b) 缩放后

图 4-11 复制缩放图形对象

● 参照（R）：用参考值作为比例因子缩放操作对象。执行该选项后，系统继续提示："指定参考长度<1>:"，其默认值是 1。这时如果指定一点，系统提示"指定第二点"，则两点之间确定一个长度；系统又提示"指定新长度"，则由这新长度值与前一长度值之间的比值决定缩放的比例因子。此外，也可以在"指定参考长度<1>:"的提示下输入参考长度值，系统继续提示"指定新长度"，则由参考长度和新长度的比值决定缩放的比例因子。

【实例】　要求在已知两直线上绘制线段 AB，AB 与底边线夹角为 α、长度为 12mm，如图 4-12 所示。

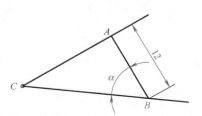

操作步骤：

1）在已知两直线间绘制一条与底边夹角为 α、任意长度的直线 AB；

图 4-12　参照缩放图形对象

2）输入缩放命令快捷键"SC"空格；

3）选择要缩放对象，选择线段 AB，空格；

4）指定基点为缩放时参考点，拾取 C 点；

5）选择参照项，输入"R"空格；

6）选择参照长度，拾取线段两端点 A、B；

7）输入新的长度，输入"12"空格，结束缩放命令。

4.2.2　拉伸对象

通过"拉伸"命令，可以按指定方向和角度拉伸或缩短图形对象。执行拉伸命令时只能以交叉窗口或交叉多边形来选择要拉伸的对象。

【命令启动方法】

● 菜单栏："修改"→"拉伸"。

● 工具栏：单击"修改"工具栏上 图标。

● 命令：STRETCH 或快捷键 STR。

【实例】要求将图 4-13a 所示六边形两水平边拉长 20mm，如图 4-13b 所示。

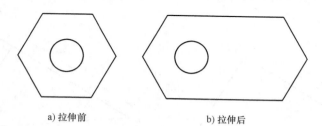

a) 拉伸前　　　　　　　　　b) 拉伸后

图 4-13　拉伸图形对象

操作步骤：

1）执行"拉伸"命令，单击修改工具栏上 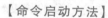 图标；

2）从右向左拖动鼠标，用窗交方式选择六边形的右侧部分区域，空格，如图 4-14 所示；

3）指定基点为位移的参考点，拾取圆心，如图 4-15 所示；

4）指定第二点，在正交模式下，向右水平拖动鼠标，确定拉伸方向，输入"20"空格，完成六边形拉伸，如图 4-16 所示。

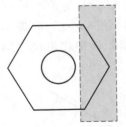

图 4-14　窗交选择拉伸区域

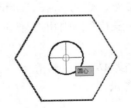

图 4-15　选择圆心为基点

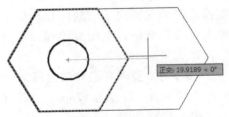

图 4-16　指定拉伸方向和长度

4.2.3　拉长对象

在 AutoCAD 中，"拉长"命令常用于非等比缩放，改变非闭合对象的长度或角度，常用于倾斜线段和圆弧的拉长。

【命令启动方法】
- 菜单栏："修改"→"拉长（G）"。
- 命令：LENGTHEN 或快捷键 LEN。

【命令选项】
- 选择对象：显示选择的对象的现有长度或圆弧的包含角度。
- 增量（DE）：从距离选择点最近的端点处开始以指定的增量修改对象的长度。
- 百分数（P）：通过指定对象总长度的百分比修改对象长度。
- 全部（T）：通过指定从固定端点测量的总长度的绝对值来修改选定对象的长度，或选择选项"角度（A）"，按照指定的总角度修改选定圆弧的包含角。
- 动态（DY）：打开动态拖动模式，通过拖动选定对象的端点之一来改变其长度。

【实例】　已知长为 35mm 的线段 AC，如图 4-17a 所示，要求将 AC 沿 A 点向上方拉长到 50mm，如图 4-17b 所示。

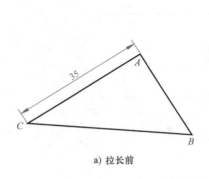

a）拉长前　　　　　　　　b）拉长后

图 4-17　拉长图形对象

操作步骤：

1）输入拉长命令快捷键"LEN"空格；

2）选择增量项，输入"DE"空格；

3）输入需要增加的长度，输入"15"空格；

4）单击鼠标左键，选择要拉长的线段 AC（靠近 A 点的位置）；

5）结束命令。

4.3　改变对象数量

在图样绘制中，一个图形对象如要赋予两个以上不同的属性时，要将一个对象打断成两个或多个对象。在 AutoCAD 中提供了"打断于点"和"打断"命令，通过改变对象的数量，达到对同一对象不同部分赋予不同的属性的目的。对于多个对象，可以通过"合并"命令将多个图形对象合并为一个图形对象，或用"分解"命令将一个复合对象分解为多个对象。

4.3.1　打断于点

"打断于点"命令将选定的图形对象（文字除外）在指定点断开，断开后的两对象保持原图形对象大小不变。"打断于点"命令不能对 360°的圆进行操作。

【命令启动方法】

● 工具栏：常用"修改"工具栏上 图标。

【实例】已知实线矩形如图 4-18a 所示，要求以 A、B 为界，矩形左边线型修改为细虚线，结果如图 4-18b 所示。

操作步骤：

1）执行"打断于点"操作，单击"修改"工具栏上 图标；

2）选择需打断的图形对象，选择矩形；

3）确定要打断的位置，拾取 A 点；

4）重复执行"打断于点"操作，单击"修改"工具栏上 图标；

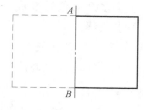

a) 打断前　　　　　　　　b) 打断后

图 4-18　矩形打断于 A、B 两点

5）选择需打断的图形对象，选择矩形；

6）确定要打断的位置，拾取 B 点；

7）修改矩形左侧图形对象属性，选择左侧图形对象，切换至虚线层。

8）完成操作。

4.3.2　打断对象

"打断"命令可将直线、弧、圆、多段线、椭圆、样条曲线、射线打断成两个对象，打断后可以保持原图形对象大小或删除指定两点间的一部分。该命令是通过指定两点在图形对象中创建间隔，使封闭的图形对象（如圆、椭圆、闭合的多段线或样条曲线等）变成不封闭，使原不封闭的对象断为两段或者删除其中一侧图形。具体的操作方法取决于所选图形对象的类型及指定的端点位置。

【命令启动方法】

- 菜单栏:"修改"→"打断(K)"。

- 工具栏:单击"修改"工具栏上□□图标。

- 命令:BREAK 或快捷键 BR。

【命令选项】

- 第二个打断点:指定用于打断对象的第二个点,系统默认选择图形对象时鼠标单击拾取点为第一个打断点。

- 第一个点（F）:用指定的新点替换原来的系统默认的拾取点。

【实例】 已知矩形如图 4-19a 所示,要求删除其中 A、B 两点间的线段,结果如图 4-19b 所示。

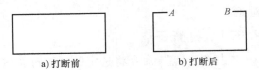

a)打断前   b)打断后

图 4-19　打断图形对象

操作步骤:

1）输入"打断"命令快捷键"BR"空格;

2）选择要断开的图形对象,拾取矩形上的 A 点;

3）拾取要删除线段的第二点:拾取 B 点。

4）完成打断操作。

4.3.3　合并对象

将多个对象转变成一个复合对象,主要用于将几个相连的线段转换成为一条多段线。

【命令启动方法】

- 菜单栏:"修改"→"合并(J)"。

- 工具栏:单击"修改"工具栏上 ┿ 图标。

- 命令:JOIN 或快捷键 J。

【实例】 将图 4-20a 所示的五角星中的 10 条线段,合并成为一个多段线对象,如图 4-20c所示。

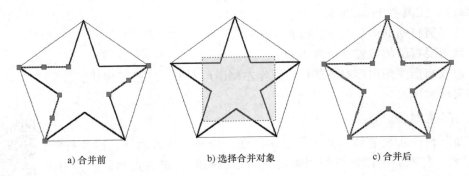

a)合并前   b)选择合并对象   c)合并后

图 4-20　合并图形对象

操作步骤:

1）输入"合并"对象命令快捷键"J"空格;

2）选择要合并的相连对象，如图 4-20b 所示窗交选择 10 条线段，空格。

3）合并完成。

4.3.4　分解对象

在绘制与编辑图形时，经常需要将多段线、标注、图案填充或块参照复合对象转变为单个的元素进行编辑，这时可利用"分解"命令进行操作。例如，将多段线分解为简单的线段和圆弧，将尺寸标注分解为直线和箭头等。

【命令启动方法】

- 菜单栏："修改"→"分解（X）"。
- 工具栏：单击"修改"工具栏上图标。
- 命令：EXPLODE 或快捷键 X。

【实例】　如图 4-21a 所示，将已知矩形分解为四个直线段图形对象，如图 4-21b 所示。

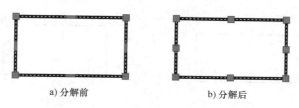

a) 分解前　　　　　　　　　b) 分解后

图 4-21　分解图形对象

操作步骤：

1）输入"分解"命令快捷键"X"空格；

2）选择要分解的复合图形对象，选择矩形，空格。

3）分解完成。

4.4　倒角或圆角对象

从安全角度和安装工艺上考虑，机械零件的非工作表面都不会是锐角，零件边常会有工艺圆角或倒角。在 AutoCAD 中，可用"倒角"命令使两个对象以平角或倒角方式相连；或用"圆角"命令快速创建与对象相切且具有指定半径的圆弧对象。

4.4.1　倒角对象

通过"倒角"命令，可以使两个非平行的对象以倒角方式相连，或两对象延伸相交。

【命令启动方法】

- 菜单栏："修改"→"倒角"。
- 工具栏：单击"修改"工具栏上图标。
- 命令：CHAMFER 或快捷键 CHA。

【命令选项】

- 选择第一条直线：系统默认使用"当前设置"内的距离值作为倒角距离，用户选择第一条直线。在第一次执行命令时，系统默认值为 0。
- 放弃（U）：若倒角有误，可输入字母"U"撤销倒角操作。
- 多段线（P）：倒角对象为多段线时选择此项，系统将一次性对多段线中所有两相邻直线段间统一按给定方式和数值进行倒角。

● 距离（D）：通过设置两个倒角距离对图形对象进行倒角，第一个距离为选择的第一条线的倒角距离。

● 角度（A）：通过设置倒角角度进行倒角。

● 修剪（T）：选择此选项后，系统将提示"输入修剪模式选项 [修剪（T）/不修剪（N）] <修剪>："。选择"修剪（T）"，倒角边被倒出的斜边修剪；选择"不修剪（N）:"，倒斜角时将保留原线段，只增加一条斜边，原线段无变化。第一次执行时系统默认为修剪方式，当用户进行设置后，系统将默认为最后一次设置的方式。

● 多个（M）：可以连续进行多个倒角，按提示重复选择第一条边、第二条边即可。在重复过程中可以修改倒角距离，以满足不同位置倒角的要求。

【实例】 已知矩形如图 4-22a 所示，在矩形右上角绘制距离为 30mm×20mm 的倒角，如图 4-22b 所示。

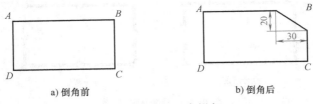

a) 倒角前　　　　　　　b) 倒角后

图 4-22　已知距离倒角

操作步骤：

1）输入"倒角"命令快捷键"CHA"空格；

2）选择距离项进行倒角，输入"D"空格；

3）输入第一个倒角距离"30"空格；

4）输入第二个倒角距离"20"空格；

5）选择第一个对象，拾取线段 AB；

6）选择第二个对象，拾取线段 BC；

7）结束绘制。

注意：倒角距离与拾取对象的顺序应该一致；两倒角距离相等时，拾取对象没有先后顺序。在执行过一次倒角命令后，系统会自动将第一次执行命令所设数值置为默认值；再次执行命令时倒角距离与上一次命令所设数值相同，可用空格或回车表示确定。当设置两倒角距离为 0 时，可对两不相交的线段进行延伸，使其相交为一点。

4.4.2　圆角对象

通过"圆角"命令，可以快速创建与对象相切且具有指定半径的圆弧对象。圆弧连接的对象可以是一对直线段、非圆弧的多段线、样条曲线、双向无限长线、射线、圆、圆弧和椭圆。

【命令启动方法】

● 菜单栏："修改"→"圆角"。

● 工具栏：单击"修改"工具栏上 图标。

● 命令：FILLET 或快捷键 F。

【命令选项】

● 选择第一个对象：系统默认使用"当前设置"内的半径值作为圆角半径，用户选择第一个对象。

● 放弃（U）：若圆角有误，可输入字母"U"撤销圆角。

● 多段线（P）：圆角对象为多段线时，选择此项可以一次性对多段线所有两相邻线段进行圆角。

● 半径（R）：重新设定所需圆角的半径值。

● 修剪（T）：选择此选项，AutoCAD 提示"输入修剪模式选项［修剪（T）/不修剪（N）］<修剪>:"。选择"修剪（T）"，圆角边以外线段被圆角修剪，线段光滑连接，如图 4-23a 所示；选择"不修剪（N）"，圆角后将保留原线段，在两圆角对象中增加一条圆弧，如图 4-23b 所示。

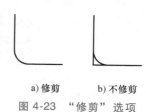

a) 修剪　　　b) 不修剪

图 4-23　"修剪"选项

● 多个（M）：连续倒多个圆角，圆角半径可修改。

【实例】　已知矩形如图 4-24a 所示，绘制 AB 与 BC 之间 R20mm 的过渡圆弧，如图4-24b 所示。

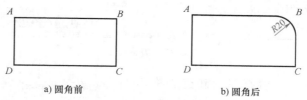

a) 圆角前　　　　　　　　　　b) 圆角后

图 4-24　圆角操作

操作步骤：

1）输入"圆角"命令快捷键"F"空格；

2）选择圆角半径，输入"R"空格；

3）输入圆角半径值"20"空格；

4）选择第一个对象，拾取线段 AB；

5）选择第二个对象，拾取线段 BC；

6）绘制完成。

4.5　表格的创建与编辑

表格是以行和列的形式包含数据的对象。在 AutoCAD 中，用户可以通过创建表格，以简洁、清晰的形式表达图样的相关信息，如弹簧、齿轮等零件的主要参数通常就是以表格形式绘制在零件图的右上角位置。在 AutoCAD 中绘制表格前，用户一般要先对表格样式进行设定。

4.5.1　创建表格样式

表格样式与文件样式、图层样式类似，是用于批量控制表格的相关属性，如字体、颜色、字号和行距等。用户可以使用系统默认的表格样式"Standard"，也可对默认样式进行修改，或创建自定义的表格样式。

【命令启动方法】

- 菜单栏:"格式"→"表格样式"。
- 工具栏:单击"样式"工具栏上 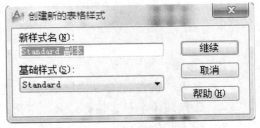 图标。
- 命令:TABLESTYLE。

执行"表格样式"命令后,将会弹出"表格样式"对话框,如图 4-25 所示。单击"新建"按钮,弹出"创建新的表格样式"对话框,如图 4-26 所示,在"新样式名"文本框中输入表格样式的名称。

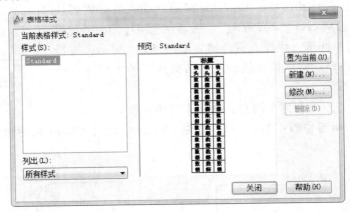

图 4-25 表格样式

单击"继续"按钮,将打开"新建表格样式"对话框。单击"起始表格"选项右侧 图标,用户可以在图形中指定一个表格用作样例来设置此表格样式的格式,选择表格后,可以指定要从该表格复制到表格样式的结构和内容。通过"常规"选项中"表格方向"下拉列表可以选择表格的读取方向,如图 4-27 所示。

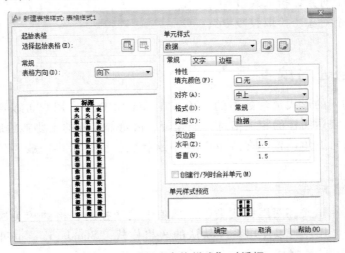

图 4-26 "创建新的表格样式"对话框

图 4-27 "新建表格样式"对话框

通过"单元样式"下拉列表可以设置单元样式，可以选择默认提供的标题、表头或数据单元样式，也可以创建新单元样式，如图4-28所示。

在"常规"选项卡中，可以设置单元样式的常规参数，如填充颜色、对齐方式、格式、类型和页边距等。可以勾选创建行或列时合并单元，如图4-29所示。

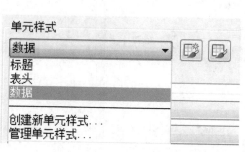

图4-28　设置单元样式

图4-29　"常规"选项卡

在"文字"选项卡中，可以设置文字样式、文字高度、文字颜色和文字角度，如图4-30所示。

在"边框"选项卡中，可以对表格的边框设置线宽、线型、颜色等，如图4-31所示。

图4-30　"文字"选项卡

图4-31　"边框"选项卡

4.5.2　新建表格

通过"表格"命令，可以在图样中指定点或指定窗口插入表格。

【命令启动方法】

● 菜单栏："绘图"→"表格"。

● 工具栏：单击"绘图"工具栏上 ▦ 图标。

命令：TABLE 或快捷键 TAB。

在执行"表格"命令后，会弹出"插入表格"对话框，如图4-32所示。在"表格样式"下拉菜单中可以选择已经设定好的表格样式。在"插入方式"选项区域选择按指定插入点或指定窗口的方式插入表格。"列和行设置"区域可以设置表格的列数、列宽、行数和行高。在"设置单元样式"区域可以设置各行的单元样式为标题、表头或数据。设置完毕后，单击"确定"按钮，在绘图区域中以指定插入点的方式插入表格，如图 4-33 所示。

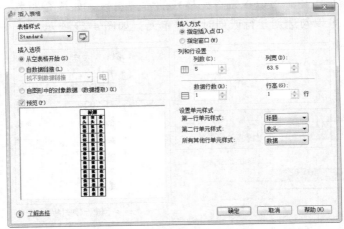

图 4-32 "插入表格"对话框

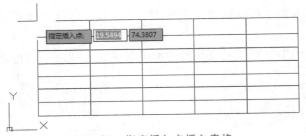

图 4-33 指定插入点插入表格

通过输入插入点的坐标值或拾取指定点后，可创建表格并进入文本编辑状态。在表格的文本框中输入所需的文本内容即可。通过"文字样式"面板，可以调整文字的高度、样式及对正方式等，如图 4-34 所示。

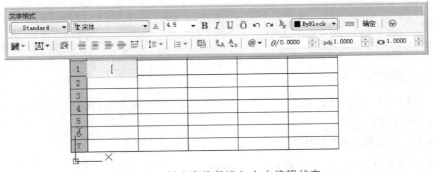

图 4-34 创建表格并进入文本编辑状态

4.5.3 修改表格

新建表格后，可以调整表格行高和列宽，可以添加、删除或合并行与列，改变单元格边框样式等。单击表格，表格为选定状态，如图 4-35 所示。单击表格右上角的夹点，可以统一拉伸表格的宽度。单击表格右下角的夹点，可以统一拉伸表格的宽度和高度。移动表格列两侧的夹点，可以改变表格单列的宽度。

　　在表格上单击鼠标右键，在弹出的快捷菜单中选择相应的菜单项，可以改变表格样式和均匀调整列与行的大小，如图4-36所示。

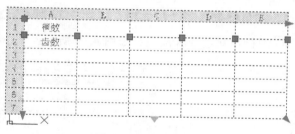

图 4-35　选定表格

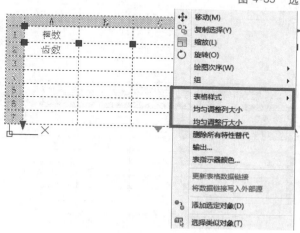

图 4-36　快捷菜单项调整表格

　　在表格上单击鼠标右键，在快捷菜单中选择最下方的"快捷特性"项，在弹出的表格特性对话框中，可以统一修改表格放置的图层、表格样式、读取方向，以及表格的宽度和高度，如图4-37所示。

　　选择表格中的某单元格，单击鼠标左键，会弹出"表格"对话框，通过单击对话框左侧对应图标，可以在选定的单元

图 4-37　表格特性对话框

格上方插入行、下方插入行、删除行、左侧插入列、右侧插入列及删除列。还可在此对话框选项中对单元格的背景颜色、边框特性、对齐方式等进行设置。如图4-38所示。

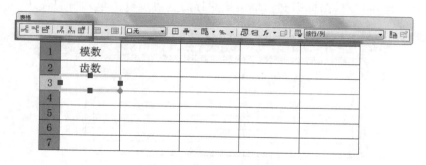

图 4-38　"表格"对话框

用鼠标窗选多个单元格，如图 4-39 所示。在"表格"对话框中"合并单元格"对应
图标由灰色变为高亮，如图 4-40 所示。

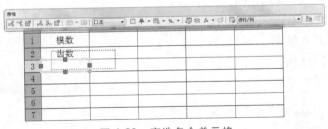

图 4-39　窗选多个单元格

图 4-40　"合并单元格"图标高亮

单击图标后面的小三角形，可选择合并单元格的形式是"全部"还是"按行"或"按
列"，如图 4-41 所示。

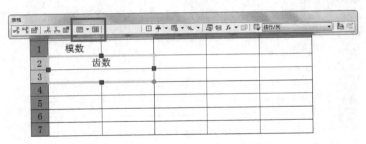

图 4-41　合并单元格选项

当选择"按行"合并后，结果如图 4-42 所示。合并单元格后，"合并单元格"图标后
的"取消单元格合并"　图标高亮，单击该图标后，可以取消单元格的合并。

图 4-42　"按行"合并单元格

4.6 综合运用——绘制支架三视图

分析支架三视图，其主视图和俯视图均为左右对称结构，在绘制这两个视图时只需绘制一半图形线条再进行镜向即可。在绘制过程中应注意保证三个视图的对正关系。

1）双击桌面图标，运行 AutoCAD；

2）单击"文件"→"新建"，打开"选择样板"对话框，选定"A4 横放"样板文件；

3）将文件保存为名为"支架.dwg"的图形文件；

4）绘制主视图：

① 输入直线命令"L"回车，绘制主视图中心线，回车，重复直线命令绘制底板轮廓线；

② 输入圆的命令"C"回车，利用对象捕捉追踪输入距追踪点距离"32"，确定圆心，绘制圆；

③ 利用捕捉替代捕捉圆上切点，绘制连接板轮廓线，输入直线命令并绘制上方凸台，使用偏移及延伸到绘制凸台上小孔线条；

④ 输入修剪命令"TR"回车，修剪多余线条；

⑤ 输入直线命令"L"回车，绘制肋板轮廓线和水平中心线，选定夹点，调整中心线长度超出轮廓线 2~5mm；

⑥ 输入直线命令"L"回车，绘制底板小孔中心线；

⑦ 输入偏移命令"O"回车，绘制小孔轮廓线，选定夹点，调整小孔中心线长度；

⑧ 将线条分别切换至指定图层；

⑨ 输入镜像命令"MI"回车，选定除中心线、圆以外的线条，回车，指定中心线为镜像面，回车，完成镜像，结束主视图的绘制；

5）绘制俯视图：在俯视图的绘制过程中，利用对象捕捉追踪确定俯视图上线条的相对位置，保证主、俯视图"长对正"；使用直线命令 L、偏移命令 O、修剪命令 TR、圆命令 C 绘制图形，利用夹点操作调整线条长度，单击"圆角"图标对底板左下角进行圆角；使用圆命令 C 绘制底板上方小孔，将线条分别切换到指定图层；单击"打断于点"图标，分别将 3 条线条打断于交点处；对除圆和中心线以外的线条进行镜像操作；

6）绘制左视图：在绘制过程中，要确保主、左视图"高平齐"，使用直线命令 L、偏移命令 O、修剪命令 TR，同时利用对象捕捉、对象捕捉追踪，绘制左视图轮廓线；绘制过程中特别要注意连接板的高度应为切点位置，利用对象捕捉追踪，追踪主视图的切点位置，进而确定左视图中连接板的高度；肋板与套筒之间相贯线的位置一样也是利用对象捕捉追踪，由主视图来确定其位置；将线条分别切换至指定图层；绘制支架上方小圆筒，小圆筒与大圆筒垂直相贯，其交线为相贯线，采用简化画法，用圆弧来替代，使用"绘图"菜单→"圆弧"→"起点、端点、半径"选项绘制两条相贯线；

7）绘制完成后应检查视图布局的合理性，使用移动命令调整视图位置，在调整过程中应同时保证视图的三等关系；检查完毕应及时保存文件。

4.7 项目拓展

选择合适的比例，绘制图 4-43～图 4-45 所示图样。要求绘制图框、图幅框及标题栏等。

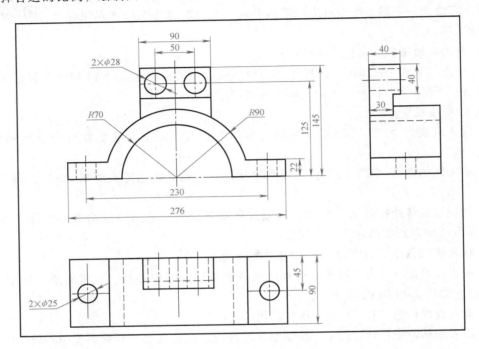

图 4-43 拓展题十四（支架三视图）

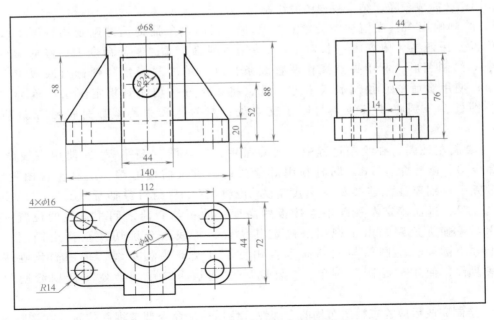

图 4-44 拓展题十五（组合体三视图）

模数	3
齿数	35
压力角	20°

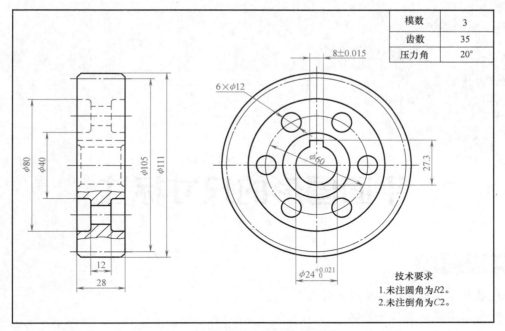

技术要求

1. 未注圆角为R2。
2. 未注倒角为C2。

图 4-45 拓展题十六（齿轮视图）

项目五

平面图形的尺寸标注

学习目标

- 熟练掌握标注样式管理器的设置
- 熟练掌握基本尺寸标注
- 熟练掌握多重引线的标注
- 熟练掌握标注替代的运用

项目任务

按 1：1 的比例，选择合适的图幅，绘制如图 5-1 所示平面图形并标注尺寸。

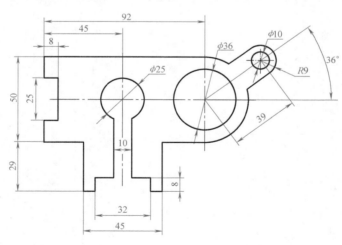

图 5-1　平面图形

项目知识点

　　尺寸是工程图样的重要组成部分，尺寸标注由尺寸界线、尺寸线、尺寸数字及箭头或终端多个元素组成。标注是向图形添加注释的过程，在图形文件中添加尺寸标注可以真实、准确地反映图形对象的大小以及各对象相互间的位置关系。在 AutoCAD 中，用户可以通过修改尺寸标注样式，控制各个元素的格式与外观。在进行标注之前，先对标注样式进行设置，便于对标注样式进行灵活、批量管理。

5.1　标注样式的管理

在 AutoCAD 中提供了一个名为"标注样式管理器"的工具。执行"标注样式"命令后，系统将弹出"标注样式管理器"对话框，通过标注样式管理器可以对标注样式进行置为当前、新建、修改、替代和比较等设置。

【命令启动方法】

- 菜单栏："格式"→"标注样式"。
- 工具栏：单击"样式"工具栏上图标。
- 命令：DIMSTYLE 或快捷键 D。

5.1.1　标注样式管理器

在弹出的"标注样式管理器"对话框中，其左上方显示了当前标注样式的名称，在左侧的"样式"列表中选择已有的标注样式。系统默认的两种标注样式为"ISO-25"和基本样式"Standard"，如图 5-2 所示。

单击对话框右侧"置为当前"按钮，将所选样式设置为当前样式。在标注样式上单击鼠标右键，在快捷菜单中可选择将此标注样式置为当前、重命名或删除。当前标注样式和使用过的标注样式不能被删除，对这类样式进行删除操作时将弹出提示，如图 5-3 所示。

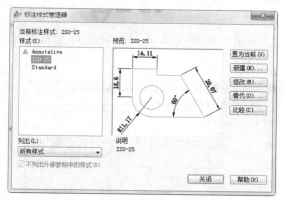

图 5-2　"标注样式管理器"对话框

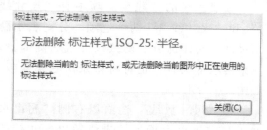

图 5-3　无法删除标注样式提示

5.1.2　新建标注样式

单击"标注样式管理器"对话框中的"新建"按钮，将弹出"创建新标注样式"对话框，如图 5-4 所示。在文本框中输入新样式的名称，例如"机械图样标注"；在"基础样式"下拉菜单中选择基础样式，新创建的标注样式初始设置将会与基础样式中的设置保持一致；在"用于"下拉菜单中，可以选择新建标注样式是用于所有标注或用于线性标注、角度标注、半径标注等。

"创建新标注样式"对话框设置完成后，单击右侧"继续"按钮，将弹出"新建标注样式：机械图样标注"对话框。对话框中有"线""符号和箭头""文字""调整""主单位"

"换算单位"和"公差"7个选项卡，在选项卡右侧上方区域中将实时显示所有设置的预览，设置完成后单击"确定"按钮，如图5-5所示。

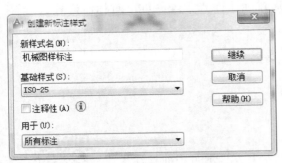

图5-4 "创建新标注样式"对话框

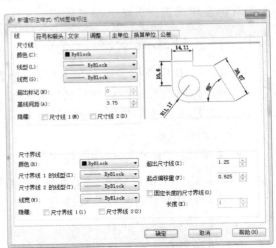

图5-5 "新建标注样式：机械图样标注"对话框

5.1.3 设置标注样式

在"线"选项卡中，可以设置尺寸线、尺寸界线的颜色、线型、线宽等。在机械图样中，一般都会用图层来对线的颜色、线型、线宽等进行批量管理，所以在此可以选用系统默认的随层"ByLayer"即可。

"基线间距"是用于设置基线标注时，两条平行尺寸线之间的距离。在机械图样中尺寸间距一般为2倍标注文字的字高，在A3或A4图幅中一般标注文字为3.5号字（字高为3.5mm），因此在此设置为"7"，如图5-6所示。

在尺寸线的"隐藏"项中有"尺寸线1"和"尺寸线2"两个选项，分别表示隐藏尺寸线左侧部分和隐藏尺寸线右侧部分，如果两项都勾选，也可将整条尺寸线隐藏，如图5-7所示。

在"尺寸界线"选项组右侧"超出尺寸线"中可以设置尺寸界线超出尺寸线的量。机械图样标注要求尺寸界线应超出尺寸线1~2mm，在此设置为"2"。在"起点偏移量"中设置尺寸界线与图形对象间的距离。在建筑图样中往往会有偏移量的要求，在机械图样中尺寸界线应从图形对象直接引出，绘制机械图样时此项应设置为"0"，如图5-6所示。

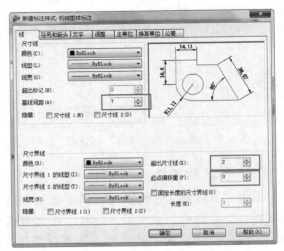

图5-6 "线"选项卡

在尺寸界线的"隐藏"项中可以隐藏"尺寸界线1"或"尺寸界线2"，分别表示隐藏第一条尺寸界线和隐藏第二条尺寸界线，如图5-8所示。

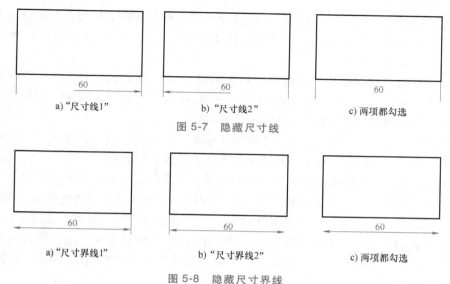

a)"尺寸线1" 　　　　b)"尺寸线2" 　　　　c)两项都勾选

图 5-7　隐藏尺寸线

a)"尺寸界线1" 　　　　b)"尺寸界线2" 　　　　c)两项都勾选

图 5-8　隐藏尺寸界线

　　在"符号和箭头"选项卡中可设置箭头的类型和大小，如图 5-9 所示。在"第一个"选项中设置尺寸线的起点的终端类型，通过右侧三角形可在下拉菜单中选择终端的类型。在机械图样中尺寸标注终端类型是实心闭合箭头，当标注的尺寸距离较小时也可用小点或斜线替代。

　　"第二个"选项用于设置尺寸线终点的终端类型，当改变了"第一个"选项的类型时，"第二个"选项将自动随之改变。"引线"选项中设置引线起点的终端类型。"箭头大小"选项中输入数值可设置箭头的长度，在机械图样中箭头应为细长形，长度应大于或等于粗实线的 6 倍宽度。如当前图形文件中粗实线线宽为 0.7mm，箭头大小应设置为 4.2mm。其他选项按系统默认。

　　在"文字"选项卡中可设置标注中的文字外观、文字位置和文字对齐，如图 5-10 所示。

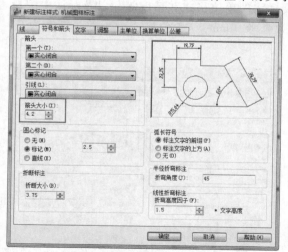

图 5-9　"符号和箭头"选项卡

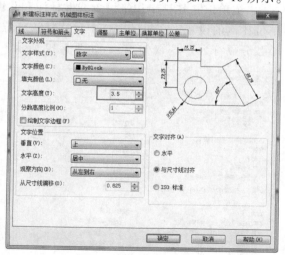

图 5-10　"文字"选项卡

　　在"文字外观"选项组中的"文字样式"中选择已有的"数字"样式。如在之前未设置好相应的文字样式，可单击右侧省略号，在弹出的"文字样式"对话框中新建字体为

"gbeitc. shx"、勾选大字体"gbcbig. shx"的文字样式，确定后在下拉列表中选择该文字样式即可。在"文字高度"中输入数值，设置标注文字的字高，A3 或 A4 图幅的机械图样中标注文字的高度一般为 3.5mm。

在"文字位置"选项组中，通过下拉列表可以确定标注文字在垂直、水平方向与尺寸线的相对位置，其中"观察方向"确定文字的书写方向。"从尺寸线偏移"中设置文字与尺寸线的距离，在机械图样中一般采用默认值"0.625"。

"文字对齐"有水平、与尺寸线对齐和 ISO 标准三个选项。对于机械图样，大多情况下文字与尺寸线对齐。"水平"选项一般用于角度、半径或直径的标注。

"调整"选项卡主要用来帮助调整在绘图过程中遇到的一些较小尺寸的标注。小尺寸的尺寸界线之间的距离很小，不足以放置标注文本和箭头，可通过此项进行调整。在机械图样的标注中常配合替代标注使用，在基本样式中一般采用系统默认项即可，如图 5-11 所示。

当尺寸界线的距离很小不能同时放置文字和箭头时，"调整选项"进行下述调整：

"文字或箭头（最佳效果）"：AutoCAD 能根据尺寸界线间的距离大小移出文字或箭头，或者文字箭头都移出。

"箭头"：首先移出箭头。

"文字"：首先移出文字。

"文字和箭头"：文字和箭头都移出。

"文字始终保持在尺寸界线之间"：不论尺寸界线之间能否放下文字，文字始终在尺寸界线之间。

"若箭头不能放在尺寸界线内，则将其消除"：若尺寸界线内只能放下文字，则消除箭头。

"文字位置"选项组用于调整文字不在默认位置时相对尺寸线的位置。"优化"选项组中可以设置手动放置文字和在尺寸界线之间绘制尺寸线。

"主单位"选项卡用来设置线性标注和角度标注的单位格式和精度等，以及标注中测量单位比例的设置。在机械图样中尺寸默认单位为毫米（mm），单位格式为小数，精度为 0，小数分隔符为"."（句点），如图 5-12 所示。

图 5-11 "调整"选项卡

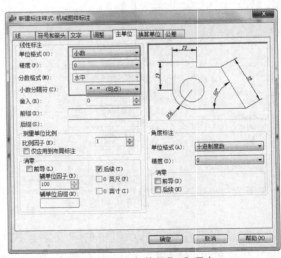

图 5-12 "主单位"选项卡

　　"换算单位"选项卡用来设置是否显示换算单位，当需要同时显示主单位和换算单位时，需要选中此项，其他选项才能使用。机械图样中此项一般无须设置，如图 5-13 所示。

　　"公差"选项卡中设置公差格式、公差对齐、消零及换算单位公差几项，在机械图样中一般只需设置公差格式项来进行公差的标注。此选项卡也常用于替代标注时进行设置；如图 5-14 所示。

　　设置完成后，单击"确定"按钮退出。

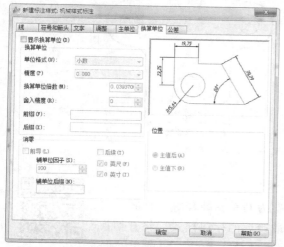

图 5-13　"换算单位"选项卡

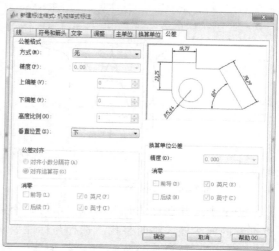

图 5-14　"公差"选项卡

5.1.4　修改标注样式

　　若需要更改已有的标注样式，在"标注样式管理器"左侧样式列表中选中要修改的样式，单击右侧"修改"按钮，将弹出"修改标注样式：机械样式标注"对话框，如图 5-15 所示。

　　标注样式修改后，所有用此标注样式进行的标注都将随之修改，常用于对已标注项进行

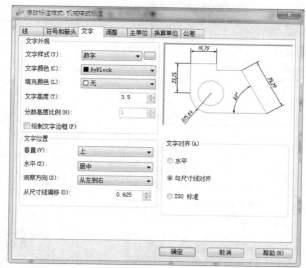

图 5-15　"修改标注样式：机械样式标注"对话框

批量调整。例如，将原"机械样式标注"中的文字对齐方向从"与尺寸线对齐"修改为"水平"，在图样中采用"机械样式标注"标注样式所进行的标注，其文字的对齐方向都由与尺寸线对齐改变成了水平，如图5-16所示。

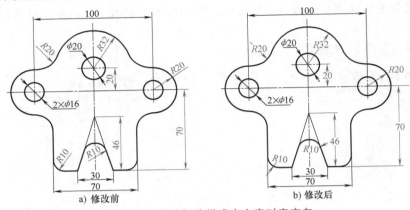

a) 修改前　　　　　　　　　　　　b) 修改后

图 5-16　　修改标注样式中文字对齐方向

5.1.5　替代标注样式

当某个尺寸在标注时有特殊要求时，不需要为其单独新建标注样式，可将设置的标注样式临时替代。选择与标注要求最接近的标注样式后将其切换为当前样式，再单击"标注样式管理器"右侧"替代"按钮，将弹出"替代当前样式：×××"对话框，如图5-17所示。

在弹出的对话框中进行替代样式的设置，设置后按"确定"按钮退出。新标注的尺寸将按替代样式设置进行标注。替代样式只对修改后所做的标注有影响，对原有的标注没有影响。样式替代常用来标注图中特殊的尺寸，例如小尺寸、引出标注、公差等。

替代样式使用完毕后，在样式列表中选择其他所需的样式，单击"置为当前"，系统将弹出警告提示，如图5-18所示。单击"确定"按钮替代样式将被放弃，但不影响已用替代

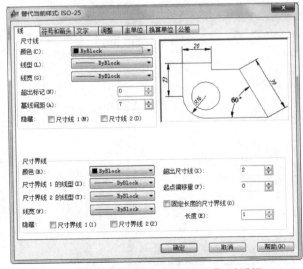

图 5-17　"替代当前样式：×××"对话框

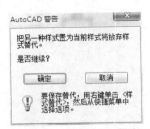

图 5-18　AutoCAD 警告

样式进行的标注。

5.2 基本尺寸标注

在 AutoCAD 中提供了长度形尺寸标注、圆弧形尺寸标注和角度形尺寸标注 3 种基本的尺寸标注。

5.2.1 线性标注

线性标注用于标注两点到坐标原点延长线上的距离，即两点间的水平或垂直距离。

【命令启动方法】

- 菜单栏："标注"→"线性（L）"。
- 工具栏：单击"标注"工具栏上 ⊢ 图标。
- 命令：DIMLINEAR 或快捷键 DLI。

【命令选项】

- 多行文字（M）：弹出多行文本对话框，用户可编辑多行文本。
- 文字（T）：输入单行文字。
- 角度（A）：指定标注文字的旋转角度。
- 水平（H）：强制进行水平方向尺寸标注。
- 垂直（V）：强制进行垂直方向尺寸标注。
- 旋转（R）：指定尺寸线的角度。

【实例】 标注图 5-19 所示连杆平面图中两圆心的水平距离 100mm。

操作步骤：

1）将"标注层"切换为当前图层；

2）选择"机械样式标注"为当前标注样式；

3）选择线性标注，单击工具栏上 ⊢ 图标；

4）选择所需标注水平距离的两点，利用捕捉圆心，单击鼠标拾取左方圆的圆心，再单击鼠标拾取右方圆的圆心；

5）确定尺寸标注放置的位置，拖动光标将其上附着的尺寸线拖至距离轮廓线 5~7mm 位置，单击左键，完成线性尺寸"100"的标注，如图 5-20 所示。

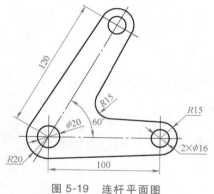

图 5-19 连杆平面图

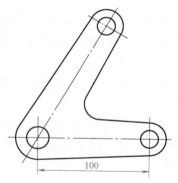

图 5-20 线性标注

5.2.2 对齐标注

对齐标注用于标注两点间的直线距离，一般用于斜线的长度标注。如果两点本就处于水平或垂直位置时，对齐标注与线性标注结果相同。

【命令启动方法】

- 菜单栏："标注"→"对齐（G）"。
- 工具栏：单击"标注"工具栏上 ⬈ 图标。
- 命令：DIMALIGNED 或快捷键 DAL。

【命令选项】

- 多行文字（M）：弹出多行文本对话框，用户可在此编辑多行文本。
- 文字（T）：输入单行文字。
- 角度（A）：指定标注文字的旋转角度。

【实例】 标注图 5-19 所示连杆平面图中两圆心的距离 120mm。

操作步骤：

1）选择对齐标注，单击工具栏上 ⬈ 图标；

2）选择所需标注距离的两点，利用对象捕捉，单击鼠标拾取水平位置左方圆的圆心，单击鼠标拾取左上方圆的圆心；

3）确定尺寸标注放置的位置，拖动光标，将附着在上方的尺寸线拖至距离轮廓线 5~7mm 的位置，单击左键，对齐标注尺寸 "120" 完成，如图 5-21 所示。

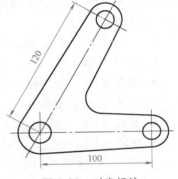

图 5-21 对齐标注

5.2.3 半径标注

在机械图样中标注小于 180° 的圆弧时应标注其半径，如圆角、过渡圆弧等。在机械图样中半径标注根据圆弧的位置常会在 "与尺寸线对齐" 或 "水平" 文字对齐方式中选择。如果半径、直径采用水平方式较多时，常会新建水平标注样式来进行标注。如果图样中只有很少量的水平标注时，常采用替代样式进行标注。

【命令启动方法】

- 菜单栏："标注"→"半径（R）"。
- 工具栏：单击"标注"工具栏上 ⊙ 图标。
- 命令：DIMRADIUS 或快捷键 DRA。

【命令选项】

- 多行文字（M）：弹出多行文本对话框，用户可在此编辑多行文本。
- 文字（T）：输入单行文字。
- 角度（A）：指定标注文字的旋转角度。

【实例】 标注图 5-19 所示连杆平面图中两个 $R15$mm 和一个 $R20$mm 的圆弧。

操作步骤：

1）选择半径标注，单击工具栏上 ⊙ 图标；

2）对中间过渡圆弧进行标注，此标注文字与尺寸线对齐，直接用当前标注样式即"机械样式标注"进行标注，选择中间过渡圆弧，单击鼠标确定尺寸标注位置；

3）对左右两圆弧进行标注，可以回车重复上一步操作即可。

如要按图 5-19 所示标注半径，即以引线折水平的标注形式进行标注，则应新建标注样式或用"替代"生成替代样式进行标注。以替代样式为例进行操作：重复半径标注命令，选择要标注的圆弧，单击标注样式管理器 图标，在弹出的对话框中单击"替代"按钮，将"文字"选项卡中的"文字对齐"勾选为"水平"；将"调整"选项中的"优化"勾选为"手动放置文字"，确定后退出样式管理器，单击鼠标确定尺寸标注位置，完成后结果如图 5-22 所示。

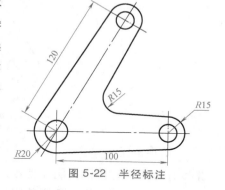

图 5-22　半径标注

5.2.4　直径标注

直径标注用于标注圆或大于 180° 的圆弧尺寸。

【命令启动方法】

- 菜单栏："标注"→"直径（D）"。
- 工具栏：单击"标注"工具栏上 图标。
- 命令：DIMDIAMETER 或快捷键 DDI。

【命令选项】

- 多行文字（M）：弹出多行文本对话框，用户可在此编辑多行文本。
- 文字（T）：输入单行文字。
- 角度（A）：指定标注文字的旋转角度。

【实例】　标注图 5-19 所示连杆平面图中左下方 $\phi20$mm 和 $2×\phi16$mm 的圆。

操作步骤：

1）选择直径标注，单击工具栏上 图标；

2）对左下方圆进行标注，标注"$\phi20$"与尺寸线对齐，将"机械样式标注"设定为当前样式进行标注，选择圆，拖动光标至合适的位置，单击鼠标确定；

3）右方上、下两圆对称，只需用数量×尺寸进行标注，标注数字为水平放置；

方法一：在"标注样式管理器"对话框中单击"新建"按钮，新建一个以机械标注样式为基础的标注样式，将新建样式中的"文字对齐"方式改为"水平"，将"调整"选项卡中的"优化"勾选为"手动放置文字"，确定后将新建样式设置为当前样式，重复上一步操作；

方法二：在"标注样式管理器"对话框中单击"替代"按钮，将替代样式中的"文字对齐"方式改为"水平"，将"调整"选项卡中的"优化"勾选为"手动放置文字"，确定后退出对话框，再重复上一步操作；

4）选择编辑文字项，输入"T"（或"M"）空格；

5）输入标注所需文字"2＊%%c16"回车。

直径标注完成，结果如图 5-23 所示。

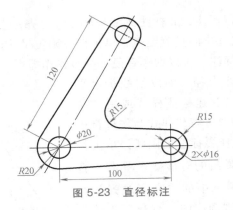

图 5-23　直径标注

5.2.5　角度标注

角度标注用于标注圆、圆弧度数或线与线之间的夹角，或两端点与顶点形成的夹角。在机械图样中角度数字只能水平正立放置。

【命令启动方法】

- 菜单栏："标注"→"角度（A）"。
- 工具栏：单击"标注"工具栏上△图标。
- 命令：DIMANGULAR 或快捷键 DAN。

【命令选项】

- 多行文字（M）：弹出多行文本对话框，用户可在此编辑多行文本。
- 文字（T）：输入单行文字。
- 角度（A）：指定标注文字的旋转角度。
- 象限点（Q）：指定象限点。

如果要标注的是圆、圆弧或直线的角度，必须选择对象并指定两端点。

【实例】　标注图 5-19 所示连杆平面图中两中心线夹角 60°。

操作步骤：

1）选择当前标注样式为替代样式或新建的文字水平样式；

2）选择角度标注，单击工具栏上△图标；

3）移动光标，分别拾取两条中心线，拖动光标至合适的位置，单击鼠标确定。

角度标注完成，结果如图 5-19 所示。

5.3　快速标注和倾斜标注

在 AutoCAD 中除基本尺寸标注外，还可通过基线标注、连续标注等命令进行快速尺寸标注，通过倾斜标注调整标注位置。

5.3.1　基线标注

通过"基线"命令可以在现有尺寸标注基础上，快速创建一组起点相同，尺寸线平行或同心的线性标注或角度标注，如图 5-24 所示。

【命令启动方法】

- 菜单栏："标注"→"基线（B）"。

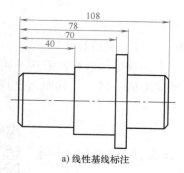

a) 线性基线标注

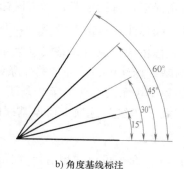

b) 角度基线标注

图 5-24　基线标注

- 工具栏：单击"标注"工具栏上 ⊟ 图标。
- 命令：DIMBASELINE 或快捷键 DBA。

【命令选项】

- 放弃（U）：命令已全部放弃。
- 选择（S）：选择基准标注。

【实例】　完成如图 5-24a 所示线性标注。

操作步骤：

1) 先创建一个线性标注，单击工具栏上 ⊟ 图标；

2) 移动光标拾取第 1 点，拾取第 2 点，如图 5-25a 所示；

3) 拖动光标至合适的位置，单击鼠标左键；

4) 选择基线标注，单击工具栏上 ⊟ 图标；

5) 移动光标依次拾取第 3 点、第 4 点、第 5 点，完成标注。

在基线标注中，要注意第 1 点的确定，它是所有基线标注的尺寸的起点。每两尺寸线的距离由系统自动按当前标注样式中"线"选项卡所设基线间距离排列。

【实例】　完成如图 5-24b 所示角度标注。

操作步骤：

1) 先创建一个角度标注，单击工具栏上 △ 图标；

2) 移动光标拾取第 1 条线，拾取第 2 条线，如图 5-25b 所示；

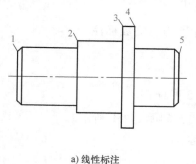

a) 线性标注

b) 角度标注

图 5-25　标注拾取顺序

3）拖动光标至合适的位置，单击鼠标左键；

4）选择基线标注，单击工具栏上 ⊟ 图标；

5）移动光标依次拾取第 3 条线、第 4 条线、第 5 条线，完成标注。

在角度的基线标注中，要注意第 1 条线的确定，它与线性基线标注有所不同，其后面基线标注起点为第 1 个角度标注的第 2 条线。每两尺寸线为同心圆弧，其距离也是由系统自动按当前标注样式中"线"选项卡所设基线间距离排列。

5.3.2 连续标注

通过"连续"命令可以在现有尺寸标注基础延伸线上，快速创建一组尺寸线首尾相连的线性标注或角度标注，如图 5-26 所示。

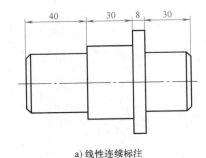

a) 线性连续标注　　　　　　　b) 角度连续标注

图 5-26　连续标注拾取顺序

【命令启动方法】

● 菜单栏："标注"→"连续（C）"。

● 工具栏：单击"标注"工具栏上 ⊞ 图标。

● 命令：DIMCONTINUE 或快捷键 DCO。

【实例】　完成如图 5-26a 所示线性标注。

操作步骤：

1）先创建一个线性标注，单击工具栏上 ⊟ 图标；

2）移动光标拾取第 1 点，拾取第 2 点，如图 5-25a 所示；

3）拖动光标至合适的位置，单击鼠标左键；

4）选择连续标注，单击工具栏上 ⊞ 图标；

5）移动光标依次拾取第 3 点、第 4 点、第 5 点，完成标注。

【实例】　完成如图 5-26b 所示角度标注。

操作步骤：

1）先创建一个角度标注，单击工具栏上 △ 图标；

2）移动光标拾取第 1 条线，拾取第 2 条线，如图 5-25b 所示；

3）拖动光标至合适的位置，单击鼠标左键；

4）选择基线标注，单击工具栏上 ⊞ 图标；

5）移动光标依次拾取第 3 条线、第 4 条线、第 5 条线，完成标注。

5.3.3　倾斜标注

在 AutoCAD 的尺寸标注中，默认状态下尺寸线与尺寸界线垂直。在机械零件中因加工工艺要求，常有零件的轮廓线本身带有一定的倾斜角度，此时如果尺寸界线垂直于尺寸线，就会与轮廓线靠得太近，从而影响读图。这时可以通过"倾斜"命令来改变尺寸界线的倾斜角度进行尺寸标注。如图 5-27 所示。

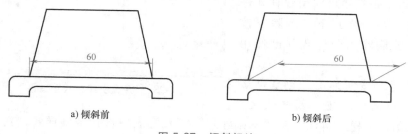

a) 倾斜前　　　　　　　　　　b) 倾斜后

图 5-27　倾斜标注

【命令启动方法】

- 菜单栏："标注"→"倾斜（Q）"。
- 命令：DIMEDIT 或快捷键 DED。

【实例】　将图 5-27a 所示的线性标注的尺寸界线倾斜成与 X 轴夹角为 30°，如图 5-27b 所示。

操作步骤：

1）执行倾斜标注命令，在命令行输入"DIMEDIT"，空格；

2）选择要倾斜的标注对象，移动光标拾取线性尺寸"60"，空格；

3）输入倾斜角度，倾斜角度为尺寸界线与 X 轴正向夹角，输入"30"空格，完成倾斜标注。

在选择对象时，对象可以是一个也可以是多个。

5.4　多重引线

在机械图样中常需加注说明和注释。为了明确表示这些注释与被注释对象的关系，常采用引线将注释内容指向被注释对象，例如几何公差、表面粗糙度或倒角等。在 AutoCAD 中，可以用多重引线或快速引线命令进行操作。引线包含箭头、可选水平基线、引线或曲线，以及多行文字或块等多个元素。

5.4.1　多重引线样式管理器

注释内容不同，对引线形式要求也不相同。在使用引线命令之前可在"多重引线样式管理器"对话框中进行样式设置，如图 5-28 所示。

【命令启动方法】

- 菜单栏："格式"→"多重引线样式"。
- 工具栏："格式"工具栏上 图标。
- 命令：MLEADERSTYLE。

执行命令后弹出"多重引线样式管理器"对话框，在对话框左上角显示当前多重引线样式的名称，左下方列表中显示已有的多重引线样式的列表，"Standard"为系统默认的引线样式。对话框中部显示当前多重引线样式预览。对话框右方有"置为当前""新建""修改"和"删除"4个按钮，通过单击按钮可对引线样式进行相应的操作。当前样式下"删除"按钮为灰色，不能删除当前样式和已使用过的样式。

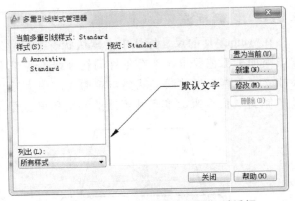

图 5-28　"多重引线样式管理器"对话框

　　单击"新建"按钮弹出"创建新多重引线样式"对话框。在"新样式名"文本框中输入新建的样式名称，在"基础样式"下拉列表中选择基础样式，新建样式的初始设置将与所选的基础样式设置一致，如图5-29所示。

　　单击"继续"按钮，将弹出"修改多重引线样式：×××"对话框，对话框左侧有"引线格式""引线结构"和"内容"3个选项卡，对话框右侧为当前引线样式预览。

　　在"引线格式"选项卡中，"常规"选项组可设置引线的类型、颜色、线型和线宽，"箭头"选项组可设置箭头的符号形式、箭头的大小。在机械图样中箭头的长度要大于6倍粗实线的宽度，假如粗实线线宽设为"0.7"，则箭头大小应大于"4.2"，如图5-30所示。

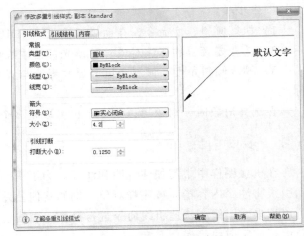

图 5-29　"创建新多重引线样式"对话框　　　　图 5-30　"修改多重引线样式：×××"对话框

　　在"引线结构"选项卡中，"约束"选项组可设置最大引线点数、第一段角度和第二段角度，"基线设置"选项组选择是否自动包含基线及设置基线距离。"比例"选项组可以指定多重引线是否为注释性以及引线的比例，如图5-31所示。

　　在"内容"选项卡中，可设置多重引线类型为多行文字、块或无。其中"文字选项"选项组可设置默认文字、文字样式、文字角度、文字颜色以及对正方式和文字是否加框。"引线连接"选项组可设置引线的连接形式、连接位置及基线间隙等，如图5-32所示。

　　样式设置完毕，单击"确定"按钮即可。

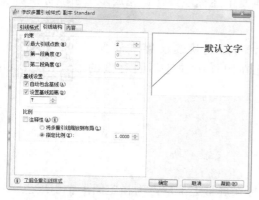

图 5-31　"引线结构"选项卡

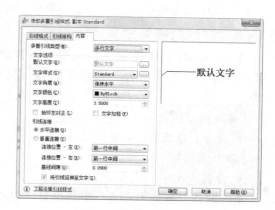

图 5-32　"内容"选项卡

5.4.2　多重引线标注

在机械装配图样中，零件序号常采用多重引线标注。

【命令启动方法】

- 菜单栏："标注"→"多重引线"。
- 命令：MLEADER。

【命令选项】

- 引线基线优先（L）：多重引线标注中优先基线项。
- 内容优先（C）：多重引线标注中优先内容。
- 选项（O）：提示行提示样式设置中的各选项，可输入相应字母进行设置。

系统默认空格或回车为选择"选项"，移动光标在屏幕上拾取点为指定引线箭头的位置。当第一段线段短于所设置箭头大小时，将不显示箭头。

【实例】　绘制图 5-33 所示拆卸器装配图零件序号。

操作步骤：

1）首先设置多重引线样式，单击"格式"工具栏上 图标；

2）在弹出的"多重引线样式管理器"对话框中，新建样式或直接修改基础样式，进行如下设置："引线格式"选项卡中，设置箭头为 ◆小点 ，"引线结构"选项卡中，设置最大引线点数为"2"，"内容"选项卡中，设置多重引线类型为"多行文字"，文字样式为设置好的数字类型，文字高度设置为"5（或 7）"，设置完成后单击"确定"按钮；

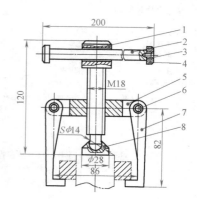

图 5-33　拆卸器装配图

3）执行多重引线命令，选择"标注"菜单中的"多重引线"项；

4）移动光标在装配图相应零件轮廓内部拾取点，拖动光标至装配图轮廓外合适位置，单击鼠标左键确定第二点位置；

5）在弹出的文本框中输入对应文字，输入完成后单击文本框右上角"确定"按钮；

6）重复"多重引线"命令，空格或回车，重复上述标注操作，完成多个引线标注。

5.4.3 快速引线标注

在 AutoCAD 中还提供了快速引线标注命令，可通过快速设置"注释""引线和箭头"和"附着"选项卡快捷、灵活地在图样中加注不同类型的注释。

【命令启动方法】

● 命令：QLEADER 或快捷键 LE。

【命令选项】

● 设置（S）：进行引线设置。

系统默认空格或回车进行引线设置，移动光标在屏幕上拾取点为指定第一个引线点。

选择"设置"项后，将弹出"引线设置"对话框。

在"注释"选项卡中，可以设置注释类型为多行文字、复制对象、公差、块参照或无，可以设置多行文字选项等，如图5-34 所示。

在"引线和箭头"选项卡中，可以设置引线为直线或样条曲线，引线的点数以及引线前端箭头的形式等，如图 5-35 所示。

在"附着"选项卡中，可以设置多行文字附着的位置，如图 5-36 所示。

图 5-34 "注释"选项卡

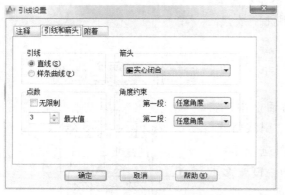

图 5-35 "引线和箭头"选项卡

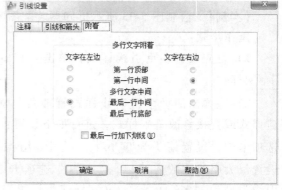

图 5-36 "附着"选项卡

【实例】 标注如图 5-37 所示的几何公差。

操作步骤：

1）执行快速引线标注命令，输入"LE"空格；

2）进行引线设置，空格；

3）设置注释项为公差，"注释类型"勾选"公差"，单击"确定"；

4）指定第一个引线点，确定几何公差被测要素为圆柱外轮廓，拾取水平线上一点；

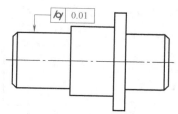

5）指定第二点，在正交模式下向上拉出垂直线到合适位置，单击鼠标左键；

6）指定第三点，向右拉出水平线到合适位置，单击鼠标左键；

图 5-37 "快速引线"标注公差

7）在弹出的"形位公差"对话框中，进行圆柱度公差符号选择，输入公差值"0.01"；

8）单击"确定"按钮，完成快速引线标注几何公差。

5.5 综合运用——平面图形的尺寸标注

分析图 5-1 所示平面图形尺寸，包含线性尺寸、角度尺寸、半径尺寸和直径尺寸的标注。角度、半径和直径尺寸数字为水平放置。

1）新建尺寸标注样式，按图 5-2～图 5-5 所示新建"机械图样标注样式"；

2）在"机械图样标注样式"基础上，新建"水平"标注样式；

3）在"水平"标注样式中，"文字"选项卡中的"文字对齐"为"水平"，单击"确定"按钮，返回"标注样式管理器"对话框；

4）将"机械图样标注样式"设置为当前标注样式，点选标注样式后，单击"标注样式管理器"对话框中的"置为当前"，单击"确定"按钮，退出设置；

5）切换当前图层到标注层，单击图层下拉列表，选定"标注层"（如果下拉列表中没有对应标注层，请进入图层管理器新建标注层）；

6）进行线性标注，单击"标注"工具栏上 ⊢⊣ 图标，标注左侧尺寸"25"；

7）重复线性标注，空格（或回车），标注中间尺寸"10"（标注数字应不被任何图形覆盖，标注后应用打断命令将中心线位于数字 10 这段打断）、下方尺寸"8""32"和"45"；

8）重复线性标注，标注上方尺寸"8"，注意第一点应拾取图形左上角点；

9）进行基线标注，单击"标注"工具栏上 ⊢⊣ 图标，标注尺寸"45"和"92"；

10）进行线性标注，单击"标注"工具栏上 ⊢⊣ 图标，标注左侧尺寸"50"，注意第一点应拾取图形左上角点；

11）进行连续标注，单击"标注"工具栏上 ⊢⊢⊢ 图标，标注尺寸"29"；

12）进行对齐标注，单击"标注"工具栏上 ↖ 图标，标注两圆心直线距离"39"；

13）切换当前标注样式为"水平"，单击标注样式下拉列表，选择"水平"标注样式；

14）标注半径，单击工具栏上 ⊘ 图标，标注"R9"；

15）标注直径，单击工具栏上 ⊘ 图标，标注"φ25"和"φ36"；

16）标注角度，单击工具栏上 △ 图标，标注"36°"，完成所有尺寸标注。

5.6 项目拓展

标注图 5-38～图 5-43 所示图形的尺寸。

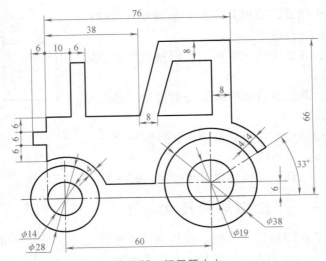

图 5-38　拓展题十七

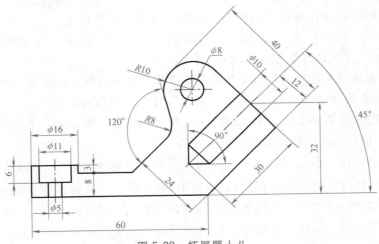

图 5-39　拓展题十八

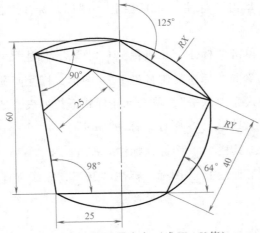

图 5-40　拓展题十九（求 X、Y 值）

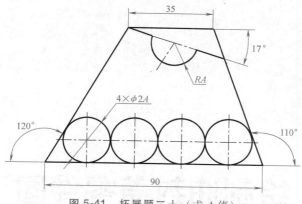

图 5-41　拓展题二十（求 A 值）

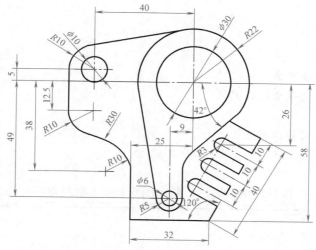

图 5-42　拓展题二十一

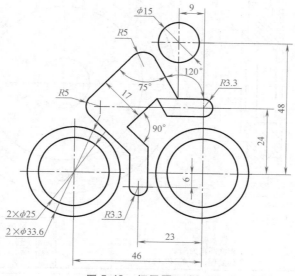

图 5-43　拓展题二十二

项目六

◀◀◀◀◀◀◀

绘制油封盖零件图

学习目标

- 熟练掌握图案填充方法
- 熟练掌握特性选项卡的设置
- 掌握块操作
- 掌握公差标注及标注替代

项目任务

按 1 : 1 的比例，选择合适的图幅，绘制如图 6-1 所示油封盖零件图并标注尺寸。

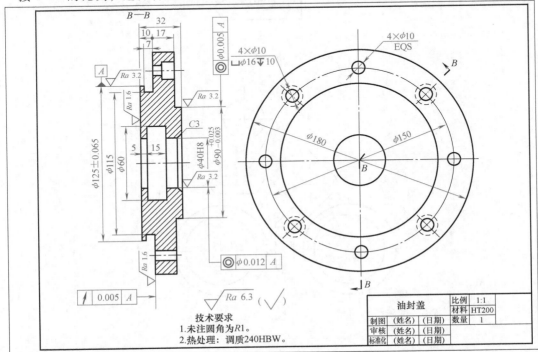

图 6-1 油封盖零件图

项目知识点

6.1　图案填充

在图样的表达中，常采用剖视图来表达零件的内腔结构。为了更形象地体现材料种类、表面纹理或剖面线等，按国家标准应根据零件的材料，在剖面区域绘制不同的剖面符号。在 AutoCAD 中，可以通过不同类型的填充命令来体现不同类型对象，以表达不同的设计意图。

【命令启动方法】

- 菜单栏："绘图"→"图案填充"。
- 工具栏：单击"绘图"工具栏上 图标。
- 命令：BHATCH、HATCH 或快捷键 BH 或 H。

执行"图案填充"命令后，系统将弹出如图 6-2 所示"图案填充和渐变色"对话框。通过对话框中选项的设置，可以对指定边界内的对象进行多种形式的图案填充，还可以对其角度和比例等进行自定义设置。

【命令选项】

- 类型：图案的种类。在下拉菜单中可选择"预定义""用户定义"和"自定义"类型。"预定义"：可以在此选择系统中已预先定义在文件 ACAD.PAT 中的所有标准的填充图案。一般情况下，这些图案已基本能满足用户需要。"用户定义"：允许用户使用当前的线型，通过指定角度和间距两个选项用于图案填充。"自定义"：允许用户选择自己创建好的".PAD"图案文件（不是 ACAD.PAT）进行图案填充。

图 6-2　"图案填充和渐变色"对话框

- 图案：选择具体图案。单击其右侧三角形，可在下拉菜单中选择所需图案进行填充，或单击后方的 按钮，将弹出"填充图案选项板"对话框，如图 6-3 所示。在选项板中可选择系统给定的 ANSI、ISO 和其他预定义图案，也可调用自定义的图案。

- 颜色：选择填充图案的颜色。
- 样例：显示所选图案的预览图形。
- 自定义图案：显示用户自己定义的图案。
- 角度：输入填充图案与水平方向的夹角。
- 比例：选择或输入一个比例系数，控制图线间距。
- 间距：选用"用户定义"类型时，设置平行线

图 6-3　"填充图案选项板"对话框

的间距。

- ISO 笔宽：选用 ISO 图案时，在该下拉框中选择图线间距。
- 拾取点：单击对应按钮，临时关闭对话框，拾取边界内的一点，空格或回车，系统自动计算包围该点的封闭边界，并返回对话框。
- 选择对象：从待选的边界集中拾取要填充图案的边界。该方式忽略内部孤岛。

在图案填充命令中，系统默认应用普通孤岛检测方式。孤岛检测用于控制是否检测图形内部的闭合边界，以实现不同类型的填充。通过单击"图案填充和渐变色"对话框右下角的 ⊙ 图标，在对话框右侧将展开"孤岛"选项区，如图 6-4 所示。

图 6-4 "孤岛"选项区

勾选"孤岛检测"后，可在"孤岛显示样式"中选择"普通""外部"和"忽略"3种检测方式。

"普通"检测方式：图案将从外部向内填充。在填充过程中遇到内部边界，填充将关闭，直到遇到另一边界将继续填充，即间隔式填充，如图 6-5a 所示。

a) 普通   b) 外部   c) 忽略

图 6-5 孤岛检测

"外部"检测方式：该检测方式下，图案也是从外部边界向内部填充，遇到内部边界填充将停止，只填充最外圈部分，如图 6-5b 所示。

"忽略"检测方式：该方式将忽略所有内部边界，填充整个外部闭合区域，如图 6-5c 所示。

【实例】　在图 6-6a 所示外圆与正方形之间填充 45°细实线图案，结果如图 6-6b 所示。

操作步骤：

1）执行"图案填充"命令；

2）选取图案，类型为"ANSI31"；

3）单击"拾取点"按钮，返回到绘图界面；

4）拾取所要填充的区域内部一点（即外圆与矩形之间任意一点），空格；

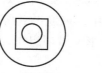

a) 填充前　　　b) 填充后

图 6-6　图案填充

5）系统将返回到"图案填充和渐变色"对话框，单击"确定"按钮完成图案填充。

在确定前，还可单击对话框左下角"预览"按钮，如填充不符合要求，可在屏幕单击一点拾取或按 Esc 键返回到"图案填充和渐变色"对话框，重新进行图案填充，或单击右键后接受图案填充。

6.2　特性命令

在 AutoCAD 中，特性命令是一个功能很强的综合编辑命令，不仅可以直接编辑对象的颜色、线型、线型比例、图层，还可编辑对象属性，对图形对象的坐标、大小、视点设置等特性进行修改。执行"特性"命令后，会弹出"特性"对话框，如图 6-7 所示。

【命令启动方法】

● 菜单栏："修改"→"特性"或者"工具"→"选项板"→"特性"。

● 工具栏：单击 图标。

● 命令：PROPERTIES 或快捷键 PROP。

● 快捷菜单：选择对象后单击鼠标右键，在弹出的快捷菜单中选择"特性（S）"选项。

在"特性"对话框顶部框格中将显示已选择的对象名称，单击其右侧三角形，出现下拉菜单，可在菜单中选择其他已定义的选择集；当没有选定任何对象时，框格中显示"无选择"，表示没有选择任何要编辑的对象。此时，列表窗口显示当前图形的所有特性，如图层、颜色、线型等。

图 6-7　"特性"对话框

单击切换系统变量 PICKADD 值 图标，可以切换系统变量"PICKADD"的值，即新选择的对象是添加到原选择集，还是替换原选择集。

单击快速选择 图标，可以用快速选择方式选择要编辑的选择集。

单击选择对象 图标，可以用光标方式选择要编辑的对象。

在没有选择图形对象时，对话框中有"常规""三维效果""打印样式""视图"和"其他"5 个选项组，单击选项名称右侧三角形图标，可以收起或展开各选项组，如图 6-8a 所示。

当选择多个图形对象时，对话框将只有"常规"选项组，可以设置所有图形对象具有的共同属性，包括颜色、图层、线型、打印样式、线宽、透明度等，如图6-8b所示。

当选择一个图形对象时，对话框有"常规""三维效果"及"几何图形"选项组。在"常规"选项组中，可以设置所选图形对象的颜色、图层、线型、打印样式、线宽、厚度等。在"几何图形"选项组中，可设置所选图形对象的几何顶点、标高、面积和长度等特性，如图6-8c所示。

a) 未选择图形对象

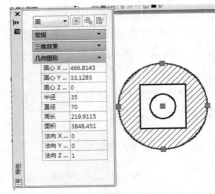

b) 选择多个图形对象　　　　　　　　c) 选择单一图形对象

图6-8　"特性"对话框选项组

【实例】　绘制任意大小的一个圆，利用"特性"命令将其面积修改为"200"，如图6-9所示。

操作步骤：

1）绘制一个任意大小的圆；

2）执行"特性"命令；

3）选择要修改的图形对象——圆；

4）在"几何图形"选项组的"面积"栏中输入"200"；

5）在绘图区任意位置单击鼠标左键，原绘制圆改变为面积为"200"的圆；

6）单击对话框左上角 图标，完成修改。

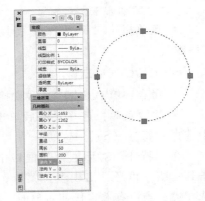

图6-9　使用"特性"编辑图形

6.3　块操作

在绘制图形时如果图形中有大量相同或相似的内容，则可以把要重复绘制的图形创建成"块"，并根据需要为块创建块的名称、指定需要用途等信息，从而提高绘图的效率。例如绘制零件图中的表面粗糙度符号。

同时，在图形文件中的每个对象都会占据磁盘空间，如果将图形做成块，系统就不必重复记录图形对象的相应信息，这样不仅可以提高绘图速度，还可节省存储空间。尤其是对一些复杂的、重复使用的图形，利用块操作更能体现其优越性。

块还可以被分解为相互独立的对象，这些独立的对象又可被修改，并可以对块重新进行定义，这样增加了图形绘制的灵活性。

6.3.1 创建块

通过创建块可以将常用的图形对象组合在一起，存储到 AutoCAD 的图形数据库中，从而方便调用。执行"创建块"命令后，将弹出"块定义"对话框，如图 6-10 所示。

图 6-10 "块定义"对话框

【命令启动方法】

- 菜单栏："绘图"→"块（K）"→"创建（M）"。
- 工具栏：单击"绘图"工具栏上 图标。
- 命令：BLOCK 或快捷键 B。

在对话框中的"名称"栏，可通过下拉菜单选择已有名称进行块定义，或在"名称"栏中输入要创建块的名称。设定块的名称可以便于插入块操作时查找。

在"基点"选项组中可以指定插入块时的参考点。参考点的指定可以通过直接输入点的 X、Y、Z 3 个方向的坐标值来确定，也可以通过勾选"在屏幕上指定"后，在图形中通过拾取点来确定。

在"对象"选项组中可以指定新块中要包含的对象，以及创建块后确定是保留或删除选定的对象还是将它们转换成块。选择对象时，可以采用"屏幕上指定""选择对象"或快速选择几种方式。

在"方式"选项组中可以设置在块创建完成后，允许块存储的格式。系统默认创建块所生成的块只保存在当前图形文件中。

【实例】 将表面粗糙度值为 $Ra3.2\mu m$ 的表面粗糙度符号创建为块。

操作步骤：

1）在"极轴追踪"中将"增量角"设置为 30°或 60°，用直线或多段线命令绘制等边三角形边长为 6mm、斜边长为 12mm、水平线长 12mm 的表面粗糙度符号图形，如图 6-11a 所示；

2）调用单行文字或多行文字命令，输入字高为"3.5"，字体为"gbeitc.shx"的文字"$Ra3.2$"，如图 6-11b 所示；

3）创建块，输入创建块快捷键"B"空格；

a）绘制表面粗糙度基本符号　　　b）输入表面粗糙度值

图 6-11 创建"粗糙度 3.2"的块

4）在"名称"栏中输入所创建的块的名称，例如输入"粗糙度3.2"；

5）单击 图标（"拾取插入的基点"），利用对象捕捉，拾取三角形下角点为插入点；

6）单击 图标（"选择对象"），用窗选方式选择所有图形对象，空格；

7）单击对话框下方的"确定"按钮，块创建完成。

6.3.2 插入块

插入块即将建立的图形块或另外一个图形文件按指定的位置插入到当前图形中，并可以改变插入图形的比例和旋转角度。执行"插入块"命令后，将弹出图6-12所示对话框。

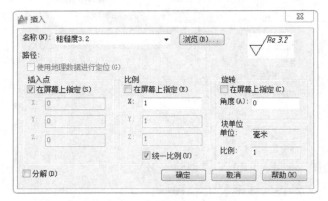

图6-12　块"插入"对话框

【命令启动方法】

- 菜单栏："插入"→"块（B）"。
- 工具栏：单击"绘图"工具栏上 图标。
- 命令：DDINSERT 或快捷键 I。

单击"插入"对话框中"名称"栏右侧三角形，可在下拉列表框中选择该图形文件中已创建的块，或单击"浏览（B）"按钮，可选择外部图形文件作为块，以插入到当前图形文件中。

在"插入点"选项组中，可以指定创建块时指定的基点在当前文件中插入的位置。用户可以勾选"在屏幕上指定"项，通过光标移动在屏幕上拾取点来指定；也可以直接输入X、Y、Z 3个方向的坐标值来确定插入点的位置。

通过"比例"选项组，可以指定块插入图中的比例。用户可以勾选"在屏幕上指定"，当未勾选该项时，可通过直接输入3个坐标轴方向的比例因子进行指定，当勾选了下方"统一比例"项后，三个输入框中的Y、Z两项将变为灰色，用户只需输入X方向的比例因子即可。系统默认为不缩放，不需要缩放时，就不需要对该选项组进行设置。

"旋转"选项组用于指定插入块的旋转角度。用户可以勾选"在屏幕上指定"，或是在对话框中输入所需旋转的角度。系统默认为不旋转，不需要旋转时，就不需要对该选项组进行设置。

对话框左下角有"分解"选项，勾选该项后，插入的块不再是一个对象，而是被分解成组成块的多个图形对象。

【实例】　将图6-11b所示的表面粗糙度代号"粗糙度3.2"插入到图6-13a所示的矩形

的 4 条边上，完成后如图 6-13b 所示。

操作步骤：

1）执行"插入块"操作，单击"绘图"工具栏上 图标；

2）在弹出的"插入"对话框中选择名称为"粗糙度 3.2"的块，单击"确定"按钮，此时光标上会带有要插入对象，如图 6-14 所示；

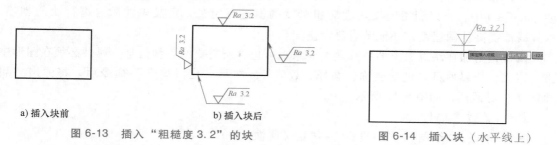

a）插入块前　　　　b）插入块后

图 6-13　插入"粗糙度 3.2"的块　　　　图 6-14　插入块（水平线上）

3）移动光标，拾取要插入的点，上方水平线上的块插入完成；

4）重复插入块命令，空格或回车；

5）在弹出的对话框中，输入旋转角度"90"，如图 6-15a 所示；

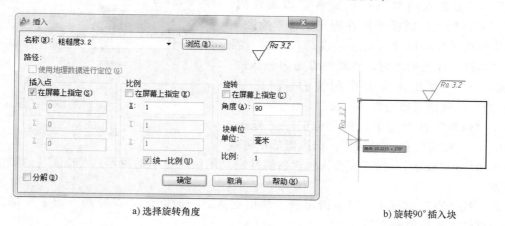

a）选择旋转角度　　　　　　　　b）旋转 90°插入块

图 6-15　旋转角度插入块

6）单击"确定"按钮，此时光标上所带的插入块已经逆时针旋转 90°，如图 6-15b 所示；

7）移动光标，拾取要插入的点，左侧竖直线上的块插入完成；

8）绘制 2 条引线，输入快速引线命令"1e"空格，光标拾取下方水平线上一点，拉出带箭头斜线后，单击鼠标左键确定第二点，再移动光标拉出水平线，单击鼠标左键确定第三点，按 Esc 键退出，重复快速引线命令，在右侧竖直线上做引线，如图 6-16 所示；

9）按前 3 步操作步骤，分别在两水平折线上插入块"粗糙度 3.2"；完成插入块。

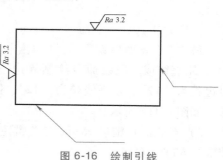

图 6-16　绘制引线

注意：根据机械制图的国家标准，表面粗糙度符号应从材料外侧指向材料，文字方向应符合标注文字的方向要求。所以当指向零件的下表面或右侧表面时，表面粗糙度符号不能直接旋转标注，应该用带水平折线的引线指向零件表面，在水平线上进行标注。

6.3.3 定义属性

在机械图样中，一种零件的各个表面因工作性能不同，往往会有不同的表面粗糙度值。在 AutoCAD 中，可以利用定义属性对粗糙度的值进行定义，定义属性后再进行块的创建，这样既能提高绘图速度，还能节省磁盘空间。

属性是附加在块对象上的特殊文本对象，可包含所需要的各种信息。属性必须在图形中进行定义，块属性可以包括名称、型号、数值等。执行"定义属性"命令后，将弹出"属性定义"对话框，如图 6-17 所示。

【命令启动方法】

- 菜单栏："绘图"→"块（K）"→"定义属性（D）"。
- 命令：ATTDEF 或快捷键 ATT。

图 6-17 "属性定义"对话框

在"模式"选项组中提供了 6 种可以选择的块属性模式，决定"块"属性的显示形式。"不可见"：指定插入块时不显示或者打印属性值；"固定"：在插入块时赋予属性固定值；"验证"：插入块时提示验证属性值是否正确；"预设"：插入包含预设属性值的块时，将属性设定为默认值；"锁定位置"：锁定块参照中属性的位置；"多行"：指定属性值可以包含多行文字。

在"属性"选项组中包括"标记""提示""默认"3 项相应信息。"标记"：标识图形中每次出现的属性；"提示"：指定在插入包含该属性定义的块时显示的提示；"默认"：指定默认属性值。

在"插入点"选项组，可以指定插入块的起点，一般默认"在屏幕上指定"插入点，也可通过输入坐标值确定插入点。

在"文字设置"选项组中，可对文字的"对正""文字样式""文字高度""旋转""边界宽度"等项进行设置。

【实例】 创建名称为"CCD"的表面粗糙度的块，要求对表面粗糙度的 Ra 值定义属性，默认数值为 $Ra3.2$，在插入时提示为"请输入表面粗糙度值"，创建完成后如图 6-18 所示。

操作方法：

1）在"极轴追踪"中将"增量角"设置为 30°或 60°，用直线或多段线命令绘制等边三角形边长为"6"、斜边长为"12"、水平线长为"12"的表面粗糙度符号图形，如图 6-11a 所示；

2）对表面粗糙度 Ra 值定义属性，输入定义属性快捷键"ATT"空格；

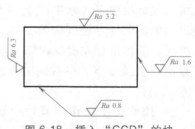

图 6-18 插入"CCD"的块

3）在弹出的"属性定义"对话框中，"标记"栏输入"CCD"，"提示"栏输入"请输入表面粗糙度值"，"默认"栏输入"$Ra3.2$"，"对正"设置为"正中"，文字高度设置为"3.5"，如图 6-17 所示，单击"确定"按钮；

4）将光标所带"CCD"字样拖至符号中，如图 6-19 所示；

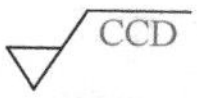

5）创建块，输入创建块快捷键"B"空格，在弹出对话框的"名称"项输入所创建的块的名称"CCD"，单击  图标（"拾取插入的基点"），单击 图标（"选择对象"），用窗选方式选择所有图形对象，空格，单击对话框下方的"确定"按钮，在弹出的对话框中再次单击"确定"按钮，图样中块图标中的"CCD"已被"$Ra3.2$"替代，块创建完成；

图 6-19　定义属性

6）执行"插入块"操作，单击"绘图"工具栏上 图标，在弹出的"插入"对话框中选择名称为"CCD"的块，单击"确定"按钮，在指定了插入点后，在命令提示行将提示"请输入表面粗糙度值<$Ra3.2$>:"，直接回车则按默认值"$Ra3.2$"插入；或按所要标注表面的表面粗糙度值输入"$Ra6.3$"（或"$Ra1.6$""$Ra0.8$"等），回车，即可插入不同数值的块。

6.3.4　块存盘

通过"创建块"命令创建的块为内部图块，只能在创建时所在的图形文件中使用，无法在其他图形文件中使用。通过"块存盘"命令，可以将创建的块保存为一个独立的图形文件，从而方便在其他的图形文件中随时调用。

【命令启动方法】

● 命令：WBLOCK 或快捷键 WBL。

执行"块存盘"命令后，将弹出"写块"对话框。在"源"选项组中，可以选择所存盘块的来源，可以是当前图形文件中已创建的块，或是当前图形文件的所有图形对象，或者直接在图形中选择对象。当"源"选择为"对象"时，中部的"基点"和"对象"选项才会显示可设置状态。如将定义属性中所创建的块"CCD"进行存盘，可以选择"源"中"块"，并在下拉菜单中选择已有的"CCD"，如图 6-20 所示。

在"目标"选项组中可以设置块存储的文件名和路径，以及插入时的单位。设置完成后，单击对话框下方的"确定"按钮，完成块存盘。在其他图形中如需调用该块，输入插入块命令后，单击"名称"右侧的"浏览"按钮，在弹出的对话框中选择块文件存储位置即可。

图 6-20　"写块"对话框

6.4　公差的标注

6.4.1　对称公差的标注

对称公差是机械图样中常见的一种公差，其特点是上、下极限偏差数值相同，符号相反，一般以"公称尺寸±极限偏差值"的形式（公称尺寸与极限偏差值采用相同字号）注写。在 AutoCAD 中可采用两种方式进行对称公差的标注。下面以实例来进行讲解。

【实例】 标注图 6-1 所示尺寸"φ125±0.065"。

方法一：运用项目三知识点 3.7"文字应用"。

操作步骤：

1）单击"标注"工具栏上 $\boxed{\vdash}$ 图标，移动光标分别拾取要标注尺寸的两端点；

2）选择文字编辑项，进行单行或多行文字编辑，输入"T（或 M）"，回车；

3）进行文字编辑，输入"%%c125%%p0.065"，回车；

4）确定标注位置，拖动光标至合适位置，单击鼠标左键，标注完成。

方法二：通过"标注样式管理器"中的"公差"选项卡进行标注。

操作步骤：

1）打开"标注样式管理器"对话框，单击"标注"工具栏上 $\boxed{\angle}$ 图标；

2）单击对话框中的"替代"按钮，弹出"替代当前样式"对话框；

3）选择对话框中的"主单位"选项卡，设置前缀，输入"%%c"，如图 6-21 所示；

4）选择对话框中的"公差"选项卡，设置对称公差，"方式"下拉列表中选择"对称"，在"精度"下拉列表中选择"0.000"，在"上偏差"框格中输入"0.065"，如图 6-22 所示；

5）单击"确定"按钮关闭"标注样式管理器"对话框；

6）单击"标注"工具栏上 $\boxed{\vdash}$ 图标，移动光标分别拾取要标注尺寸的两端点，拖动光标至合适位置，单击鼠标左键，标注完成。

图 6-21 "主单位"选项卡中加前缀

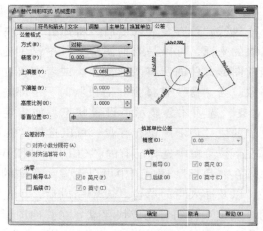

图 6-22 "公差"选项卡设置对称公差

6.4.2 极限偏差的标注

极限偏差标注主要用于有不对称上、下极限偏差值的尺寸标注。仍然通过实例来进行讲解。

【实例】 标注图 6-1 所示尺寸"$\phi 90^{+0.025}_{-0.003}$"。

方法一：运用项目三知识点 3.7.3"多行文字"。

操作步骤：

1）单击"标注"工具栏上 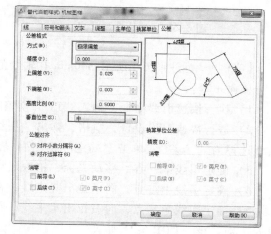 图标，移动光标分别拾取要标注尺寸的两端点；

2）选择文字编辑项，输入"M"；

3）进行多行文字编辑，输入"%%c90+0.025/-0.003"；

4）进行文字堆叠，选中"+0.025/-0.003"，单击"文字格式"对话框中的 图标，此时文字将变成分式形式，再次选中分式，单击鼠标右键，设置堆叠特性为"公差"；

5）确定标注位置，拖动光标至合适位置，单击鼠标左键，标注完成。

方法二：通过"标注样式管理器"中的"公差"选项卡进行标注。

操作步骤：

1）打开"标注样式管理器"对话框，单击"标注"工具栏上 图标；

2）单击对话框中的"替代"按钮，弹出"替代当前样式"对话框；

3）在对话框中的"主单位"选项卡中设置前缀，输入"%%c"，如图6-21所示；

4）在对话框中的"公差"选项卡中设置极限偏差，"方式"下拉列表中选择"极限偏差"，在"精度"下拉列表中选择"0.000"，在"上偏差"框格中输入"0.025"，在"下偏差"框格中输入"0.003"，"高度比例"中输入"0.5"，"垂直位置"选择"中"，如图6-23所示；

5）单击"确定"按钮关闭"标注样式管理器"对话框；

6）单击"标注"工具栏上 图标，移动光标分别拾取要标注尺寸的两端点，拖动光标至合适位置，单击鼠标左键，标注完成。

图 6-23 "公差"选项卡设置极限偏差

注意：系统默认上极限偏差为正，下极限偏差为负。当上极限偏差为正时不需输入符号，为负时应输入负号；下极限偏差则正好相反，为负时不需输入符号，为正时应输入负号。

6.4.3 几何公差的标注

在零件图上常需标注几何公差，它是零件的实际形状和实际位置相对理想形状和理想位置的允许变动量，在图样上以框格的形式来表达。在 AutoCAD 中提供了快捷的公差命令用于几何公差（AutoCAD 中称为形位公差）的标注。

【命令启动方法】

● 菜单栏："标注"→"公差"。

● 工具栏："标注"工具栏上 图标。

● 命令：TOLERANCE 或快捷键 TOL。

【命令选项】

● "高度"文本框中输入形位公差的高度值。文本框中形位公差的高度、字型均由当前标准样式控制。

- "延伸公差带"选项可插入符号，一般情况下不用选择。
- "基准标识符"选项可添加一个基准值。

执行"公差"命令后，系统将弹出"形位公差"对话框，如图6-24所示。

单击"符号"项对应黑框，将弹出"特征符号"对话框，如图6-25所示，在对话框中选择所需标注的公差符号即可。单击"公差"项对应黑框，可选择公差形状为"φ"，在文本框中输入对应的公差数值。在"基准"项文本框中输入基准对应字母。

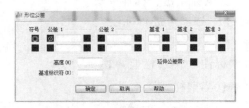

图6-24 "形位公差"对话框

图6-25 "特征符号"对话框

【实例】 标注图6-1所示φ40mm孔轴线的同轴度公差"◎ φ0.012 A"。

操作步骤：

1）执行快速引线命令，输入"LE"空格；

2）进行快速引线设置，空格，弹出"引线设置"对话框，在"注释"选项卡中将注释类型选择为"公差"，单击"确定"退出引线设置；

3）确定引线第一点，移动光标，拾取尺寸"φ40"的箭头端点；

4）确定引线第二点，向下拉出竖直线，在合适位置单击鼠标左键；

5）确定引线第三点，向右拉出水平线，在合适位置单击鼠标左键，系统将弹出"形位公差"对话框，如图6-24所示；

6）设置公差各项，单击对话框"符号"选项下方黑框，弹出如图6-25所示"特征符号"对话框，在"特征符号"对话框中选择同轴度图标◎，单击"公差1"选项下方黑框，系统将自动插入直径符号"Φ"（再次单击可取消），在"公差1"选项文本框中输入"0.012"，在"基准1"选项文本框中输入基准字母"A"，如图6-26所示；

7）单击"确定"按钮，完成同轴度公差设置。

图6-26 "形位公差"设置

6.5 综合运用——绘制油封盖零件图

1. 新建文件

单击"新建"按钮，选择A3横放模板文件，模板中已设置好基准符号属性块和表面粗糙度属性块。将文件另存为"油封盖"，修改标题栏内容。

2. 绘制油封盖各视图

综合运用直线、圆、环形阵列、延伸、修剪、镜像、倒角等命令绘制油封盖的两个视图。调用"图案填充"命令绘制剖面符号。调用"多段线"命令绘制箭头。调用"多行文本"命令标注剖切字母。

3. 标注尺寸及尺寸公差

标注前，将图层切换到标注层。

标注左视图的尺寸：

（1）修改标注样式 执行"标注样式"命令，打开"标注样式管理器"对话框，单击"修改"按钮，选择"调整"选项卡，在"调整"选项卡中选择"调整选项"为"文字和箭头"，单击"确定"按钮，关闭标注样式管理器。

（2）标注直径尺寸"φ150"和"φ180" 单击"标注"工具栏上 ⊘ 图标，选择对应直径圆周，标注"φ150"和"φ180"，调整文字位置。

（3）标注均布孔尺寸"4×φ10" 回车重复直径标注命令，选择φ10mm圆周，选择编辑多行文字，输入"M"，修改文字内容，光标移到默认标注尺寸前方输入"4×"，第二行输入文字"EQS"。将尺寸放置在合适位置，用"分解"命令将尺寸标注分解，并移动文字到合适位置。

（4）标注沉孔尺寸 标注方法与标注"4×φ10"的方法相同。执行"多行文字"命令后，在尺寸下方合适位置输入文字内容。在多行文本编辑状态下，单击右键并选择"符号"，在下拉菜单中选择"其他"，在弹出的"字符映射表"对话框中将字体选择为"GDT"，在表格中找到沉孔符号，单击"选择"，再单击"复制"，关闭"字符映射表"。在多行文本编辑区域单击右键，在下拉菜单中选择"粘贴"，在后面输入"%%c16"，选中"φ16"，将字体设置为国标斜体字，字号设置为3.5号字。运用同样方法标注深度"10"。调用直线命令画一段直线将尺寸线延长。

标注主视图尺寸：

（1）标注线性尺寸"7"和"32" 单击线性尺寸标注命令，标注宽度"7"和总宽"32"。

（2）标注尺寸"10""17""5"和"15" 打开"标注样式管理器"对话框，选择"替代"，选择"符号和箭头"选项卡，将"第二个"选项下的"实心闭合"改为"小点"，单击"确定"，返回到"标注样式管理器"对话框，单击"关闭"，完成设置。调用"线性标注"命令标注尺寸"10"，"第一个尺寸界线原点"选左边，"第二个尺寸界线原点"选右边。调用线性标注命令，标注尺寸"17"，"第一个尺寸界线原点"选右边，"第二个尺寸界线原点"选左边。运用同样的方法标注尺寸"5"和"15"。

（3）标注"φ60"和"φ115" 在命令行输入"d"，弹出"标注样式管理器"对话框，单击"替代"，在弹出的"替代当前样式"对话框中选择"符号和箭头"选项卡，将"第二个"选项改回为"实心闭合"，再选择"主单位"选项卡，在"前缀"后面输入"%%C"，单击"确定"，回到"标注样式管理器"对话框，单击"关闭"，完成设置。在键盘上找到向上的箭头，按一次可以在光标旁边显示上一个命令，找到线性标注命令"DIMLINEAR"，依次标注尺寸"φ60"和"φ115"。

（4）标注"φ40H8" 调用线性标注命令，选择"φ40"尺寸两端点后，在命令行提示"指定尺寸线位置或［多行文字（M）/文字（T）/角度（A）/水平（H）/垂直（V）/旋转（R）］"，输入"M"，弹出"文字格式"编辑器，在默认标注的"φ40"后面输入"H8"。

（5）标注"φ125±0.065" 运用前述相同方法，光标移动到"φ125"后面，单击"文字格式”编辑器上的“@”，出现下拉菜单，选择“正/负（P）”，尺寸后面出现“±”，在后面输入“0.065”。

（6）标注“$\phi90^{+0.025}_{-0.003}$” 运用前述方法，光标移动到“ϕ90”后，输入“+0.025”，键盘同时按住“shift+6”出现“^”，再输入“-0.003”。选择尺寸公差数值，单击“文字格式”编辑器上的 $\frac{b}{a}$，则显示为“$\phi90^{+0.025}_{-0.003}$”，单击“确定”完成标注。

（7）标注倒角尺寸 C3 在命令行输入“le”，在“指定第一个引线点或［设置（S）］<设置>”提示下输入“S”，弹出“引线设置”对话框。在“注释”选项卡中选择“多行文字”，在“引线和箭头”选项卡中“箭头”选择“无”，在“附着”选项卡中的“最后一行加下划线”前打钩，单击“确定”。在“指定第一个引线点或［设置（S）］<设置>”中选择 C3 尺寸的第一点，“下一点”追踪到 45°方向，“下一点”追踪到水平方向，“指定文字宽度”直接回车，“输入多行文字第一行”输入“C3”。

4. 标注形位公差

（1）插入基准符号 调用“插入块”命令，弹出“插入”对话框，在“名称”选择模板里面设置好的基准符号属性块“jz”，单击“确定”；打开对象捕捉，“指定插入点”选择为“ϕ125”尺寸界线与尺寸线的交点，其他项默认，回车。

（2）标注 ↗ 0.005 A 调用“多段线”命令绘制指引线。调用“公差”标注绘制公差框格。单击“公差”标注，弹出“形位公差”对话框。单击“符号”下黑框，弹出“特征符号”对话框，选择圆跳动；光标移至“公差 1”下面文本框，输入“0.005”；光标移至“基准 1”下文本框，输入“A”。将绘制好的框格放在合适的位置。调用“移动”命令，选择框格右侧竖线的中点为基点，移到指引线端点。

（3）标注 ◎ ϕ0.012 A 在命令行输入“le”，在“指定第一个引线点或［设置（S）］<设置>”后输入“S”，弹出“引线设置”对话框。在“注释”选项卡中选择“公差”，在“引线和箭头”选项卡中“箭头”选择“实心闭合”，单击“确定”。命令行提示“指定第一个引线点”时，对象捕捉到“ϕ40H8”尺寸线箭头端点，“下一点”拾取正下方的一点，“指定下一点”拾取正水平方向的一点，弹出“形位公差”对话框，填写好相关内容。公差前的“ϕ”可通过单击“公差 1”下面的黑框来选取。

（4）标注 ◎ 0.005 A 重复上述几何公差标注命令，注意绘制框格指引线的 3 个点都在同一条竖线上。

单击“旋转”命令，将默认标注的水平框格旋转 90°。

5. 标注表面粗糙度

（1）标注 √Ra 3.2 在命令行输入“i”，弹出“插入”对话框，“名称”下拉菜单中选择模板中制作好的表面粗糙度属性块“ccd”，其他不变，单击“确定”；打开对象捕捉，将插入点放置在图示位置，回车完成标注。

（2）标注 √Ra 1.6 调用“插入块”命令，弹出“插入”对话框，“名称”选择“ccd”，“旋转”的“角度”设置为 90°，单击“确定”；打开对象捕捉，将插入点放置在图示位置，在“输入粗糙度值”提示下输入“Ra1.6”，完成标注。

（3）标注 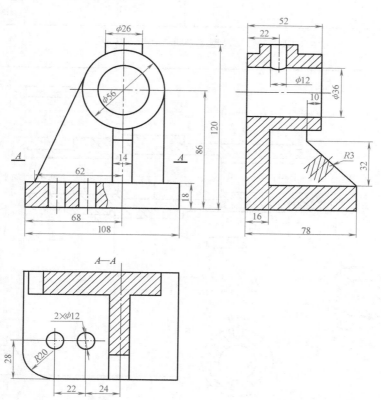（此处为符号），调用"插入块"命令，弹出"插入"对话框，"名称"选择"ccd"，"比例"的"X"设置为"1.414"，勾选"统一比例"，其他项默认，单击"确定"；打开对象捕捉，将插入点放置在图示位置，在"输入粗糙度值"提示下输入"Ra6.3"，完成标注。对于后面的，复制前面的符号，分解块，删除多余线，用文本命令绘制括号，字体设置为5号字。

6. 注写技术要求

在命令行输入多行文本命令快捷键"T"，提示"指定第一角点"时，在图示位置拾取一点，提示"指定对角点"时，在绘图区合适位置拾取一点，弹出"文字格式"编辑器，在字体下拉菜单中选择模板中设置好的文字字体，确保字体为"仿宋"，"字高"改为"5"，输入对应的文字内容。除"技术要求"为5号字外，其他文字为3.5号字。

7. 保存文件

在命令行输入"z"，回车后输入"a"，将图样全屏显示。调用"保存"命令，油封盖零件图绘制完毕。

6.6 项目拓展

绘制图6-27~图6-32所示零件图。

图 6-27 拓展题二十三（支架零件图）

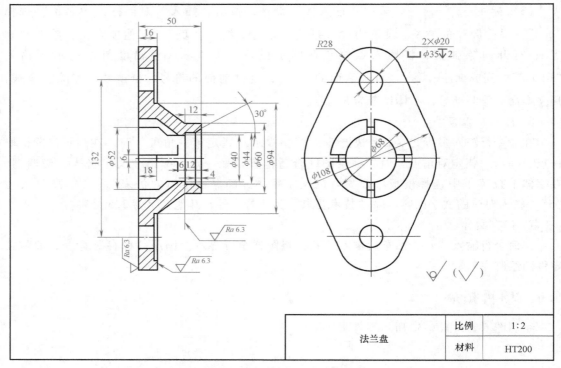

图 6-28　拓展题二十四（法兰盘零件图）

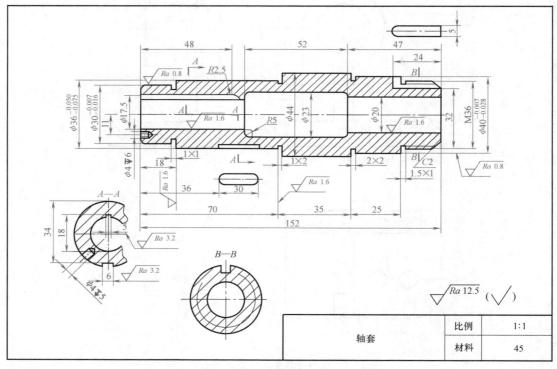

图 6-29　拓展题二十五（轴套零件图）

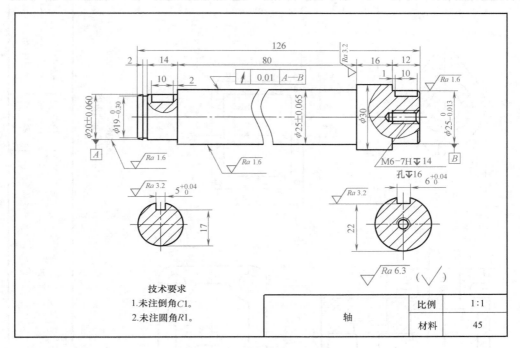

图 6-30　拓展题二十六（轴零件图）

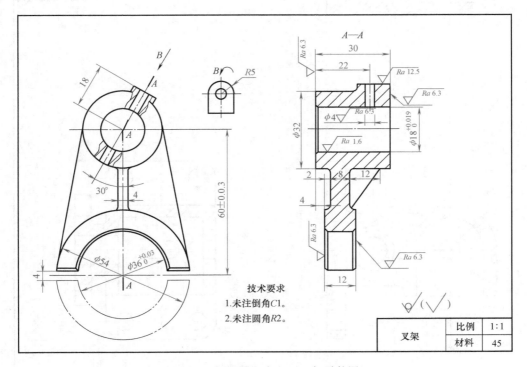

图 6-31　拓展题二十七（叉架零件图）

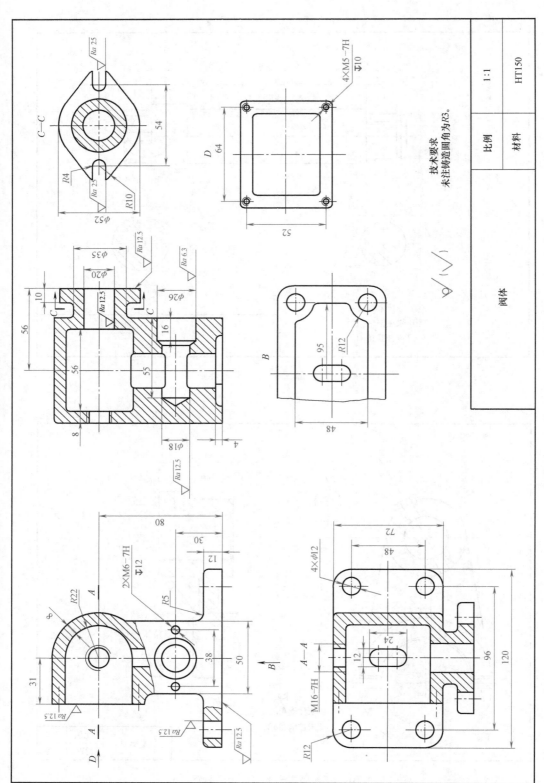

图 6-32　拓展题二十八（阀体零件图）

项目七

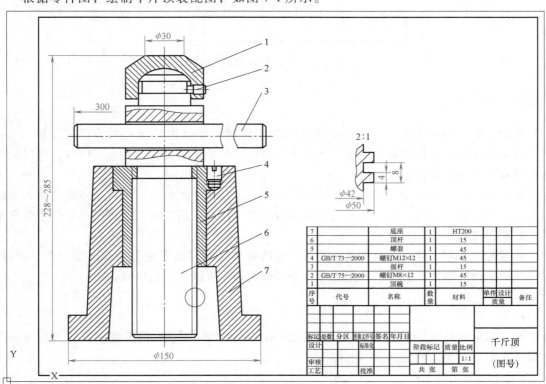

绘制装配图

学习目标

- 掌握使用块插入绘制装配图的方法
- 掌握利用设计中心绘制装配图的方法

项目任务

根据零件图，绘制千斤顶装配图，如图 7-1 所示。

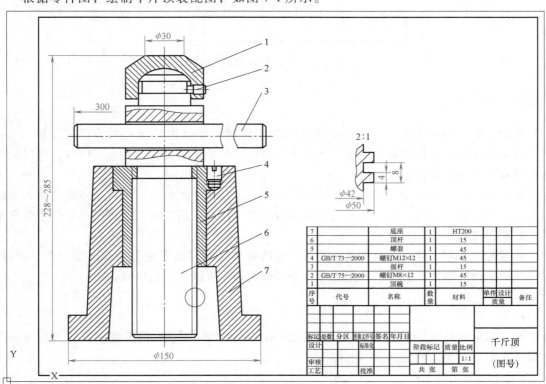

7		底座	1	HT200		
6		顶杆	1	15		
5		螺套	1	45		
4	GB/T 73—2000	螺钉M12×12	1	45		
3		扳杆	1	15		
2	GB/T 75—2000	螺钉M8×12	1	45		
1		顶碗	1	15		
序号	代号	名称	数量	材料	单件 设计 质量	备注

标记	处数	分区	更改文件号	签名	年月日			千斤顶
设计			标准化			阶段标记	质量 比例	
审核							1:1	(图号)
工艺			批准			共 张	第 张	

图 7-1　千斤顶装配图

项目知识点

在机械设计过程中，先是绘制装配示意图以确定设计意图（如图 7-2 所示），再绘制零件图，由零件图最后绘制装配图。在 AutoCAD 中，可以通过调用图块或设计中心功能，方便、快捷地由已有的零件图绘制装配图。

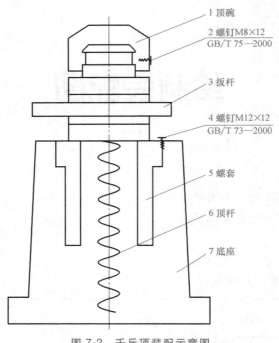

1 顶碗
2 螺钉M8×12
GB/T 75—2000
3 扳杆
4 螺钉M12×12
GB/T 73—2000
5 螺套
6 顶杆
7 底座

图 7-2　千斤顶装配示意图

7.1　调用图块

将绘制装配图时所需要的每一个零件图用创建块命令（BLOCK）的方法建立图（形）块，在创建图块时最好只保留图形，删除零件图中的尺寸及所有技术要求等内容，再用块存盘命令将其存为单个的图形文件。

用块插入命令将单个的图形文件插入装配图中。在操作过程中，可直接将图块插入绘制装配图时的位置，也可以将所要插入的图形暂时置于屏幕的适当位置，再用移动命令将所要插入的图形准确定位。

在装配图中零件间有遮挡关系，被遮挡的线条要清除，而图块是一个图形对象，此时，可以用分解命令将图块分解，再用删除命令和修剪命令去除多余的图线。

7.2　从设计中心插入块

用户可以通过设计中心从本地、网络或 Internet 上定位和组织图形数据或插入块等。应用设计中心可以更加快捷地绘制装配图。

【命令启动方法】

● 菜单栏："工具"→"选项板"→"设计中心"。

● 工具栏："标准"工具栏上 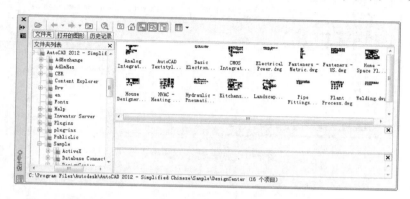 图标。

● 命令：ADCENTER 或快捷键 ADC 或组合键 Ctrl+2。

执行"AutoCAD 设计中心"命令后，将弹出"设计中心"窗口，如图 7-3 所示。

图 7-3 "设计中心"窗口

在"设计中心"窗口中，左侧为"树状视图"，显示内容源的层次结构，用户可以从中浏览内容源。在导航窗格中单击选中的文件夹名，则在右侧的"窗格"（又称控制板）中显示图形文件名称。单击选中的图形文件（或选中设计中心文件夹，双击鼠标左键），在控制板区显示该图形文件的项目。当右侧的"窗格"中没有显示当前所需要的图形文件名称时，单击图标 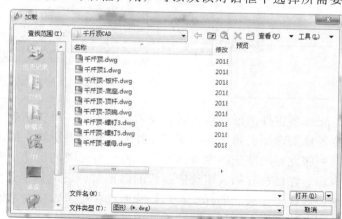，显示如图 7-4 所示的"加载"对话框，用户可以从该对话框中选择所需要的图形文件。

双击图形文件后，在设计中心窗口左侧将显示该文件夹图形文件为内容源，如图 7-5 所示。

在窗口左侧控制板中，移动光标指向所要插入的文件名，同时按住鼠标左键，移动鼠标将被选中的图形拖到图形窗口绘图区的适当位置后，松开鼠标左键。此时，在绘图区会显示将要插入的图形，如图 7-6 所示。

图 7-4 "加载"对话框

在命令行将提示"指定插入点或［基点（B）/比例（S）/X/Y/Z/旋转（R）］："，此时用户可根据需要输入相关选项的对应字母。可以直接输入坐标值或利用对象捕捉拾取特殊点来指定插入点。通过"基点（B）"项，可以先确定要插入图块的参考点，在插入的图形对象中先确定特殊位置，可以更加准确地确定各零件在装配图中的位置关系，使绘制图更加快捷。例如：输入"S"回车后，命令行提示"指定 XYZ 轴比例因子"，用户根据需要输入绘制装配图的比例后回车，命令行提示"指定插入点"，插入点可以直接输入，命令行提示"指定旋转角度<0>"，输入所要插入图形的旋转角度后回车，图形插入完成。

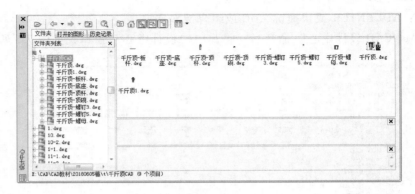

图 7-5　加载后的设计中心

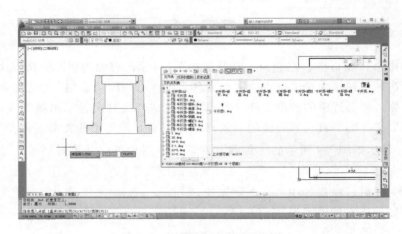

图 7-6　拖动要插入的图形对象

　　完成各零件图形的插入后，关闭设计中心。对要修改、调整的图块进行分解后，用删除命令或修剪命令去除多余的图线，并检查和补画所缺少的图线。

　　一张完整的装配图除有图形外，还应有必要的尺寸、序号、标题栏和明细栏、技术要求等内容。在修改好插入图块所组成的图形后，还应标注尺寸，编写零件序号，填写标题栏、明细栏和技术要求。同样，标题栏和明细栏也可以按要求绘制好后作为图形文件存盘，绘图时采用上述两种方式插入至装配图中即可。

7.3　综合运用——绘制千斤顶装配图

　　1）绘制千斤顶零件图，如图 7-7 所示；

　　2）由已有的零件图绘制装配图：首先应将绘制好的各零件图中的尺寸标注及所有技术要求等内容删除，只保留图形，创建成块，并用块存盘命令将其存为单个的图形文件，建议将一套零件的图块文件保存在同一文件夹内，以便于管理；

　　3）在绘制装配图时要注意先大后小，先从主体部分开始绘制，通过分析，千斤顶装配图应先从底座入手；

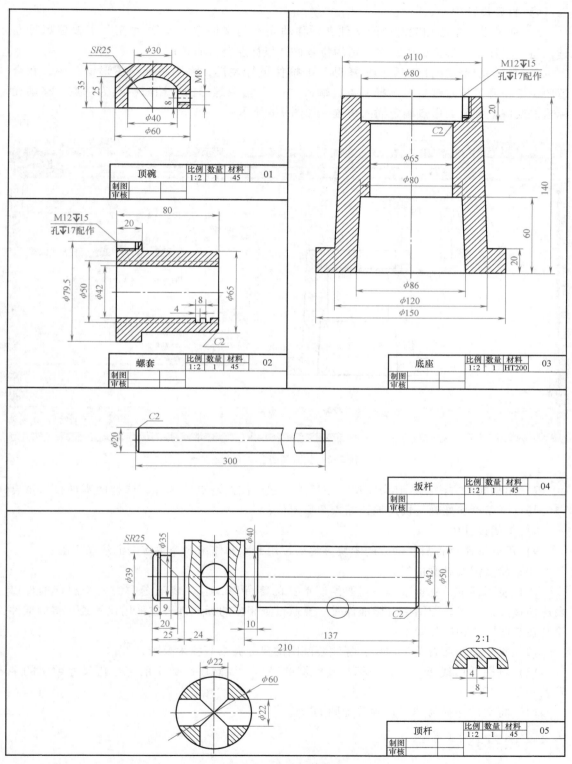

图 7-7 千斤顶零件图

4）打开设计中心；

5）通过设计中心加载对应的文件夹，移动光标到文件"千斤顶-底座"上按住鼠标左键，将图块拖至图形窗口中，在合适的位置松开鼠标左键，回车；

6）移动光标到文件"千斤顶-螺母"上按住鼠标左键，将图块拖至图形窗口中，在合适的位置松开鼠标左键后，选择基点，输入"B"，拾取螺母的上端面中点为基点，移动光标拾取底座上端面的中点确定插入位置，如图7-8所示；

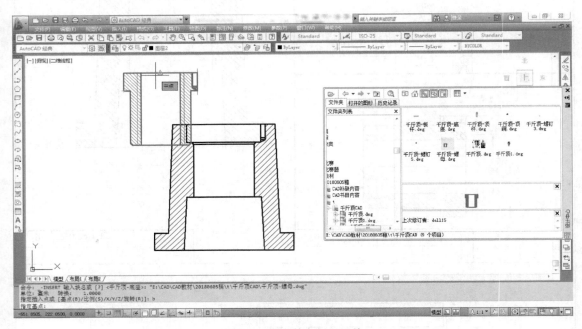

图 7-8   指定基点插入图块

7）用相同的方法插入其余图块，在插入过程中注意基点的选择，选择两零件投影重合点为基点可以更加准确、快速地让插入图形定位；

8）关闭设计中心；

9）用分解命令将需要修改的图块分解后，用删除和修剪命令将多余的线条去除；

10）检查需要补画的线条；

11）补画标准件：标准件不需要绘制单独的零件图，但在装配图中需要绘制标准件以表达连接关系；当装配图中有标准件时，要通过查相应的标准件表或采用比例画法将标准件绘制在装配图的相应位置上；

12）将当前图层置为标注层，标注装配图的尺寸并书写技术要求；

13）调用"引线标注"命令标注装配图的序号，注意序号数字的字号比尺寸数字的字号大一号到两号；

14）将文件保存为"千斤顶装配图.dwg"。

7.4 项目拓展

根据图 7-9~图 7-12 所示齿轮油泵零件图绘制装配图，如图 7-13 所示。

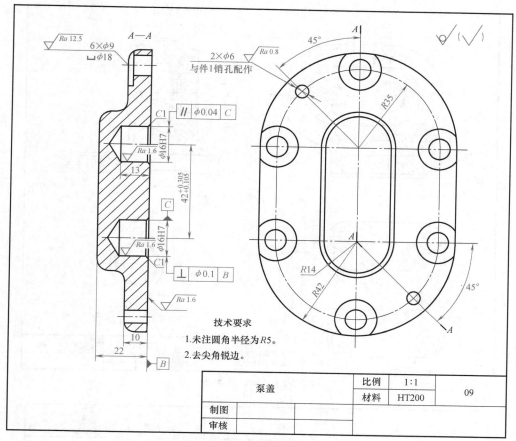

图 7-9　泵盖零件图

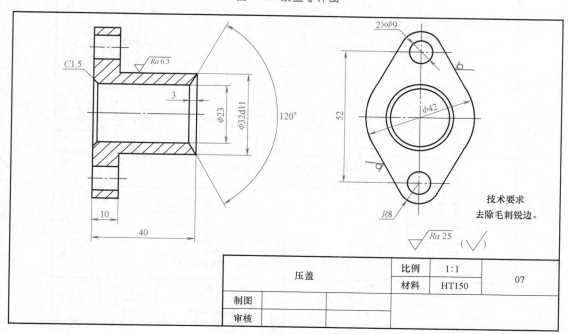

图 7-10　压盖零件图

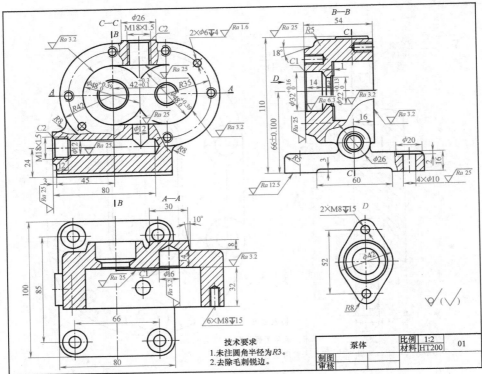

图 7-11　泵体零件图

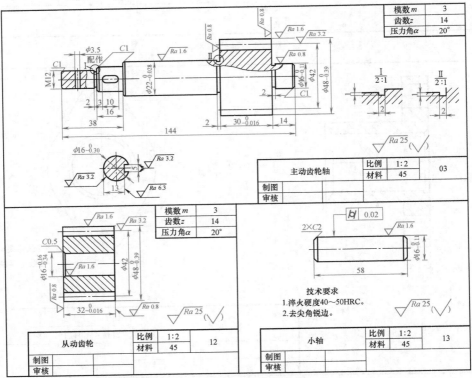

图 7-12　轴、齿轮零件图

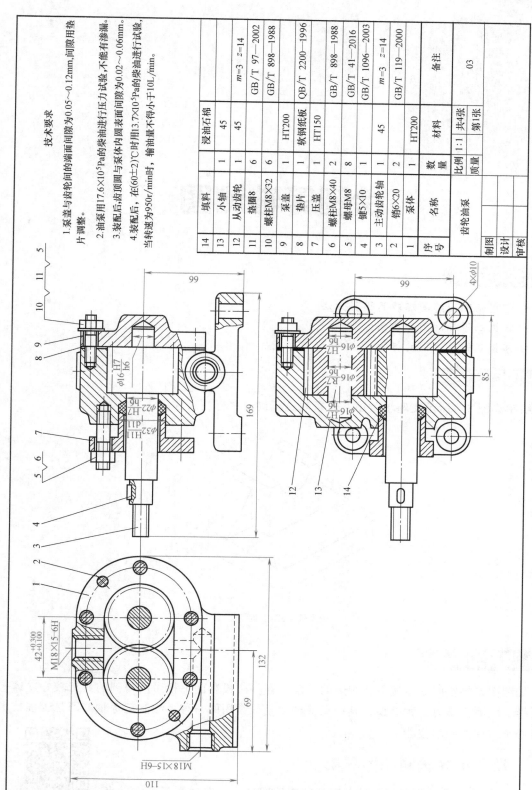

技术要求

1. 泵盖与齿轮间的端面间间隙为0.05~0.12mm,间隙用垫片调整。

2. 油泵用17.6×10⁵Pa的柴油进行压力试验,不能有渗漏。

3. 装配后,后盖顶圆与泵体内圆表面间隙为0.02~0.06mm。

4. 装配后,在(60±2)℃时用13.7×10⁵Pa的柴油进行试验,当转速为950r/min时,输油量不得小于10L/min。

序号	名称	数量	材料	备注
14	填料	1	浸油石棉	
13	小轴	1	45	
12	从动齿轮	1	45	$m=3$　$z=14$
11	垫圈8	6		GB/T 97—2002
10	螺柱M8×32	6		GB/T 898—1988
9	泵盖	1	HT200	
8	垫片	1	软钢纸板	QB/T 2200—1996
7	压盖	1	HT150	
6	螺柱M8×40	2		GB/T 898—1988
5	螺母M8	8		GB/T 41—2016
4	键5×10	1	45	GB/T 1096—2003
3	主动齿轮轴	1		$m=3$　$z=14$
2	销6×20	2		GB/T 119—2000
1	泵体	1	HT200	

齿轮油泵		比例 1:1	共4张	03
		质量	第1张	
制图				
设计				
审核				

图 7-13　拓展图二十九（齿轮油泵装配图）

项目八

绘制等轴测图

学习目标

- 掌握轴测图绘图环境的设置方法
- 掌握正等轴测图的绘制方法
- 掌握正等轴测图的标注

项目任务

绘制如图 8-1 所示支座轴测图。要求表达正确，并标注尺寸。

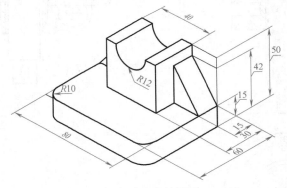

图 8-1 支座轴测图

项目知识点

轴测图是将空间立体按平行投影的方法，在一个投影面上投影所得到的具有较好立体感的图样。轴测投影有多种类型，其中正等轴测是最常用的一种。绘制正等轴测图是工程技术人员必须掌握的一项技能。

8.1 设置正等轴测绘图环境

在 AutoCAD 中提供了正等轴测图的特定绘图环境。在这个环境中，直角坐标系的轴间角90°变成了正等轴测轴的轴间角120°。通过系统提供的这个环境，用户可以很快捷、方便地完成正等轴测图形的绘制。

【命令启动方法】

- 菜单栏："工具"→"绘图设置"。
- 状态栏：在状态栏中的 ▦ 图标上单击鼠标右键，在弹出的快捷菜单中选择"设置"项，如图8-2所示。
- 命令：Dsettings 或 Ddrmodes。

执行绘图设置命令后，将弹出"草图设置"对话框，如图8-3所示。在"捕捉和栅格"选项卡的左下方"捕捉类型"选项组中勾选"等轴测捕捉"项，单击"确定"按钮，正等轴测绘图环境设置完成。

图 8-2 "栅格显示"快捷菜单

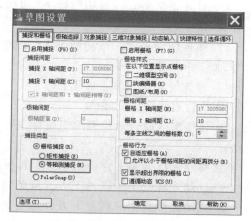

图 8-3 "草图设置"对话框

如果要退出正等轴测绘图环境，同样是进入到"草图设置"对话框中，在"捕捉和栅格"选项卡的"捕捉类型"选项组中勾选"矩形捕捉"，再单击"确定"按钮，即可关闭正等轴测绘图环境。

设置正等轴测绘图环境后，原直角坐标系状态下的十字光标将改变为正等轴测状态下的"X"形状的光标，且两相交线段分别为红色和绿色，代表不同的轴测轴。通过按键盘上的功能键F5，两线段的方向随之发生改变，两线段形成的面分别代表不同的轴测面。正等轴测中轴测轴与水平方向所成的夹角分别是30°、90°和150°，如图8-4所示。"俯视平面"光标与30°和150°轴对齐，"左视平面"光标与90°和150°轴对齐，"右视平面"光标与30°和90°轴对齐。通过

a)俯视平面　　　b)左视平面　　　c)右视平面

图 8-4 不同等轴测平面的光标状态

F5键，可在轴测面之间不断进行切换。另外，用户也可以通过 Ctrl+F5 或 Ctrl+E 组合键来进行正等轴测面的切换，三种操作方法效果相同。

8.2　正等轴测图绘制

设置好正等轴测环境后，用户就可以很方便地绘制出正等轴测图中所要求的直线、圆、

圆弧，并通过编辑和修改等命令将基本图形对象组成为复杂物体的正等轴测图。

8.2.1　绘制正等轴测直线

物体上与坐标轴平行的线段，在正等轴测图中应该平行于相应的轴测轴。当绘制与坐标轴平行的线段时可以在正等轴测环境中打开正交模式进行绘制。如果是一般位置线段，则需要确定线段的两端点来绘制，常采用通过平行轴测轴的辅助线段来确定。

【实例】　绘制图 8-5 所示长方体的正等轴测图。

操作步骤：

1）设置正等轴测绘图环境：如图 8-3 所示，进行设置；

2）打开正交模式：按功能键 F8 切换，提示行显示"<正交　开>"；

3）切换轴测平面：按功能键 F5 切换，提示行显示"<等轴测平面　俯视>"；

4）首先绘制长方体上表面：

① 执行直线命令，输入"L"回车；

② 在绘图区域合适位置单击鼠标左键，确定直线第

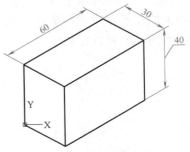

图 8-5　长方体的正等轴测图

一点；

③ 移动光标到第一点的右前方，可见光标拉出直线走向，输入线段长度"60"回车；

④ 移动光标到上一点右下方，可见光标拉出直线走向，输入线段长度"30"回车；

⑤ 移动光标到上一点左下方，可见光标拉出直线走向，输入线段长度"60"回车；

⑥ 选择闭合项，输入"C"；

5）绘制长方体左视平面：

① 切换轴测平面，按功能键 F5 切换，提示行显示"<等轴测平面　左视>"；

② 执行直线命令，输入"L"回车；

③ 移动光标，通过对象捕捉，拾取上表面左侧上方端点；

④ 移动光标向下，可见光标拉出竖直线，输入线段长度"40"回车；

⑤ 移动光标到右下方，可见光标拉出直线走向，输入线段长度"30"回车；

⑥ 移动光标，拾取上表面左侧下方端点；

6）绘制长方体右视平面可见棱线：

① 重复直线命令：回车；

② 拾取上表面右侧下方端点，向下绘制长为"40"的线段，输入"40"回车；

7）绘制长方体下表面可见棱线：移动光标拾取左视平面下角点即可，长方体正等轴测图绘制完成。

8.2.2　绘制正等轴测圆

在正等轴测图中，平行于投影面的圆的投影为椭圆。圆的外切正方形则投影为菱形。AutoCAD 中在正等轴测环境下可以通过椭圆命令直接来绘制投影面上的圆。

【命令启动方法】

- 菜单栏："绘图"→"椭圆"→"轴、端点"。
- 工具栏："绘图"工具栏上◯图标。
- 命令：ELLIPSE 或快捷键 EL。

在正等轴测环境下，当执行椭圆命令后，将会在原椭圆命令提示选项中增加"等轴测圆（I）"项，选择该选项，即可绘制出相应轴测面上的正等轴测椭圆，如图 8-6 所示。

【实例】　绘制图 8-7 所示竖直圆筒的正等轴测图。

操作步骤：

1）设置正等轴测绘图环境；

2）切换轴测平面，按功能键 F5 切换，提示行显示"<等轴测平面 俯视>"；

3）绘制正等轴测圆，执行椭圆命令，单击"绘图"工具栏上◯图标；

4）选择绘制"等轴测圆"选项，输入"I"回车；单击鼠标左键，在绘图区域适当位置确定圆心；输入半径"16"回车；

5）重复椭圆命令绘制半径为"25"的轴测圆；

6）切换轴测平面，切换到左视平面或右视平面都可以，按功能键 F5 切换；在正交模式下，沿 Z 轴方向复制两轴测圆，距离为"15"，如图 8-8 所示；

7）打开捕捉"象限点"，用直线命令绘制两侧转向轮廓素线；

8）在轴测图中被遮挡的线条无须表达，执行修剪命令修剪多余线条，绘制完成。

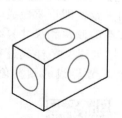

图 8-6　不同轴测面上的轴测圆　　　图 8-7　竖直圆筒的正等轴测图　　　图 8-8　沿 Z 轴复制轴测圆

【实例】　绘制图 8-9 所示带圆角的长方体的正等轴测图。

操作步骤：

1）在正等轴测环境下绘制长方体；

2）按功能键 F5 切换至俯视平面，作如图 8-10 所示辅助线，以辅助线端点为轴测圆圆心，用椭圆命令绘制轴测圆；

3）按功能键 F5 切换为左（或右）视平面，用复制命令沿 Z 轴方向复制两轴测圆，距离为长方体的高度；

4）用修剪命令修剪多余线条，捕捉象限点，用直线命令绘制右侧转向轮廓素线，绘制完成。

8.2.3　正等轴测图的标注

正等轴测图的尺寸标注中，平行于 X 轴测轴和 Y 轴测轴的线段是带有倾角的线段，所以在标注时，应该采用"对齐标注"。当要标注的两

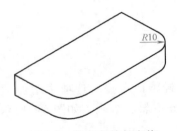

图 8-9　带圆角的长方体

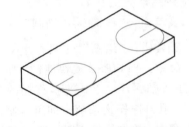

图 8-10　绘制辅助线确定等轴测圆圆心

点间连线与轴测轴不平行时，应先绘制辅助线，再进行标注。轴测圆和轴测圆弧已经不再是实际意义的圆或圆弧，其标注则需用引线方式进行标注，不能用半径或直径进行标注。轴测图尺寸界线、文字倾斜角度见表 8-1。

表 8-1　轴测图尺寸界线、文字倾斜角度

轴测平面	标注尺寸所处方向	文字倾斜角度(°)	尺寸界线倾斜角度(°)
右视平面	与 X 轴平行	30	−90
	与 Z 轴平行	−30	30
俯视平面	与 Y 轴平行	30	30
	与 X 轴平行	−30	−30
左视平面	与 Z 轴平行	30	−30
	与 Y 轴平行	−30	90

同时，标注后的尺寸界线、文本都应该与相应的轴测面保持方向一致，即也要换成轴测图方向。将尺寸标注元素转换为轴测图方向相对简单，只需要改变文本的倾角和尺寸界线的倾角即可，二者在倾斜时的角度均为 30°的倍数。文本的倾角可以通过创建文字样式进行管理。尺寸界线的倾斜是在对齐标注后，再运用"倾斜"命令修改已有尺寸界线的倾斜角度，可参见表 8-1。

8.3　综合运用——绘制组合体轴测图并标注尺寸

1. 新建文件

单击"新建"按钮，选择"A4 横放"模板，模板中已设置好图层、文字样式、标注样式。将文件另存为"组合体轴测图"。

2. 设置正等轴测绘图环境

设置正等轴测绘图环境，打开正交模式，将粗实线层置为当前图层。

3. 绘制组合体底板

1）按功能键 F5 切换轴测面到俯视平面，用直线命令绘制底板表面矩形；

2）按功能键 F5 切换轴测面到左（或右）视平面，沿 Z 轴方向复制一个矩形；

3）拾取上、下表面矩形的端点，用直线命令连接各侧棱线，如图 8-11 所示。

4. 绘制组合体中部长方体

利用对象捕捉和对象捕捉追踪，确定长方体的位置，绘制长方体，如图 8-12 所示。

5. 绘制组合体两侧肋板

利用对象捕捉和对象捕捉追踪，确定两侧肋板的位置，绘制两侧楔体，如图 8-13 所示。

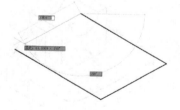 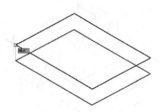 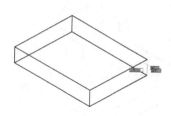

图 8-11 绘制组合体底板

整理图形，清除多余线条。使用修剪和删除命令修剪或删除不可见线段，如图 8-14 所示。

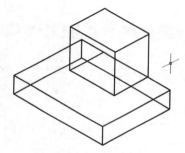 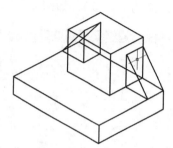

图 8-12 绘制中部长方体   图 8-13 绘制两侧肋板

6. 绘制半圆孔及底板圆角

1）按功能键 F5 将轴测面切换到左视平面；

2）绘制轴测圆，执行椭圆命令，选择等轴测圆 "I" 回车；

3）利用中点捕捉，拾取线段的中心为轴测圆圆心，输入半径 "12" 回车，结果如图 8-15 所示；

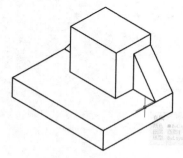 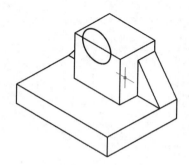

图 8-14 清理多余线条   图 8-15 绘制左视平面轴测圆

4）复制轴测圆到另一条棱线中点，如图 8-16 所示；

5）配合象限点捕捉，用直线命令绘制两条转向轮廓素线，如图 8-17 所示；

6）绘制底板圆角，并清除多余线条，结果如图 8-18 所示。

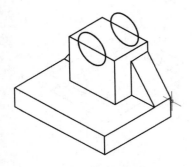

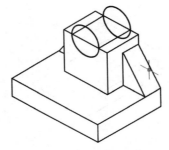

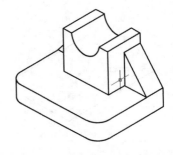

图 8-16　复制轴测圆　　　　图 8-17　绘制圆孔转向轮廓素线　　　图 8-18　绘制圆角并清理多余线条

7. 标注尺寸

（1）新建两个文字样式　"30"文字样式中文字倾斜角度为"30"，"-30"文字样式中文字倾斜角度为"-30"，如图 8-19、图 8-20 所示。

图 8-19　"30"文字样式　　　　　　　　图 8-20　"-30"文字样式

（2）以原设置好的"机械尺寸图样"为基础，新建两个标注样式　"30"标注样式的"文字"选项卡中"文字样式"选择"30"；"-30"标注样式的"文字"选项卡中"文字样式"选择"-30"，如图 8-21、图 8-22 所示。

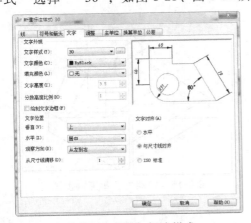

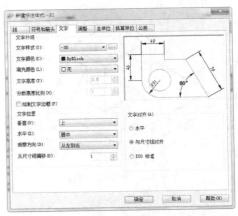

图 8-21　"30"标注样式　　　　　　　　图 8-22　"-30"标注样式

（3）将"标注层"设置为当前图层并绘制辅助线　用直线命令绘制 8 条辅助标注用的细实线，以便在对齐标注中尺寸与物体实际尺寸一致，如图 8-23 所示。

（4）基本尺寸标注　用"标注"→"对齐"命令标注尺寸"15""30""60""42""50""80""40"，用"标注"→"多重引线"命令标注两个轴测圆弧半径，在命令行提示"输入注释文字的第一行 <多行文字（M）>:"直接按 ESC 键结束命令，在此暂不输入文本，结果如图 8-24 所示。

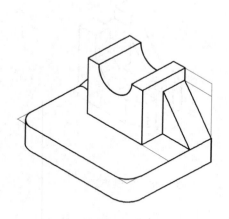

图 8-23　绘制标注用辅助线

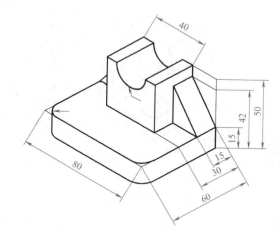

图 8-24　基本尺寸标注

（5）改变尺寸界线倾斜角度　使尺寸界线平行 Y 轴测轴，执行"倾斜"命令，选择"15""30""60"回车，输入倾斜角度"-30"回车。使尺寸界线平行于 X 轴测轴，执行"倾斜"命令，选择"15""42""50""80""40"回车，输入倾斜角度"30"回车，结果如图 8-25 所示。

（6）修改文字样式　使文本与尺寸界线方向一致。修改尺寸"40"和"80"的标注样式为"30"，修改水平方向尺寸"15""30"和"60"的标注样式为"-30"；在机械图样中文本的字头不能朝下，将图样文本字头向下的"15""42"和"50"三个尺寸标注先拉开到合适的位置，再进行分解，删除其数字，再用引线方式进行标注，结果如图 8-26 所示。

用多行文字命令分别输入"R10"和"R12"，用移动命令将文本放置到尺寸线上方，用旋转命令将文本"R12"旋转-30°，使底边平行于尺寸线。

8. 完成绘制

绘制完成后将结果保存。

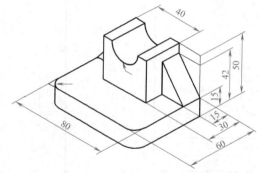

图 8-25　改变尺寸界线倾斜角度

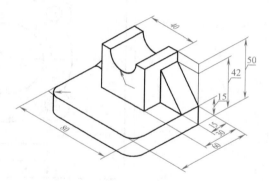

图 8-26　修改文字倾斜角度

8.4 项目拓展

绘制图 8-27 ~ 图 8-31 所示轴测图。

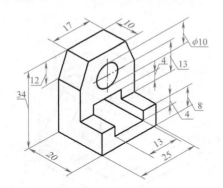

图 8-27 拓展题三十

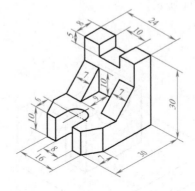

图 8-28 拓展题三十一

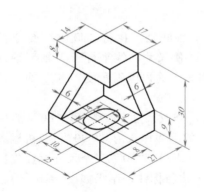

图 8-29 拓展题三十二

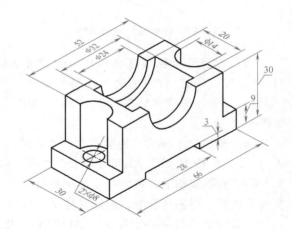

图 8-30 拓展题三十三

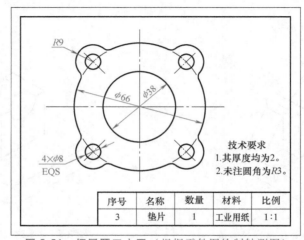

图 8-31 拓展题三十四（根据零件图绘制轴测图）

图 形 打 印

9

学习目标

- 掌握打印样式的设置
- 掌握打印机的设置和图纸尺寸的设置
- 掌握将图样输出为图片格式的方法

项目任务

将项目六中绘制的油封盖零件图输出为 PDF 文件。

项目知识点

图样绘制完成后需要将其打印输出。在 AutoCAD 中，用户可以使用多种方法进行输出，可以将图形通过打印设备打印在图纸上，也可以输出为图片格式来使用。但不管用什么方法，首先都需要进行打印设置。

9.1 设置打印样式

模型空间是 AutoCAD 图形处理的主要环境空间，主要用来绘制图形。模型空间可以绘制和编辑二维或三维图形对象，以及编辑标注、文字说明等。模型空间与绘图输出不直接相关。

布局空间是 AutoCAD 图形处理的辅助环境空间，与打印输出密切相关。模型空间属于绘图环境，布局空间属于成图环境。打印有模型空间打印和布局空间打印两种方式。在模型空间进行打印设置为模型空间打印，在布局空间进行打印设置为布局空间打印。模型空间打印方式只适用于单比例图形打印，一次只能打印输出一种比例的图形。布局空间打印方式可以同时输出多种比例的图形，当需要在一张图纸中打印输出不同比例的图形时，可调用布局空间打印方式。

【命令启动方法】

- 菜单栏："文件"→"打印"。
- 工具栏：单击工具栏上🖶图标。

● 命令：PLOT 或快捷键 Ctrl+P。

在模型空间执行"打印"命令后，系统弹出"打印-模型"对话框，如图 9-1 所示。

在该对话框的"页面设置"选项组中，在"名称"的下拉列表中可以选择已有页面设置以及"上一次打印"的页面设置。"添加"按钮则用于新建页面设置，单击后将弹出"添加页面设置"对话框，用户可以在该对话框中输入新建页面设置的名称，如图 9-2 所示。

图 9-1 "打印-模型"对话框

图 9-2 "添加页面设置"对话框

在"打印机/绘图仪"选项组中，在"名称"下拉列表中可选择当前已经安装的打印设备，如图 9-3 所示。"特性"按钮用于打开"绘图仪配置编辑器"对话框，如图 9-4 所示。选择"绘图仪配置编辑器"对话框中的"自定义特性"项，可以对纸张、效果等进行调整，如图 9-5 所示。

在"打印-模型"对话框的"图纸尺寸"下拉列表中可以选择用于打印图样的纸张尺寸。

在"打印区域"选项组的"打印范围"下拉列表中可以选择"窗口""范围""图形界限""显示"几种形式来指定打印的图形区域。

图 9-3 "打印机/绘图仪"下拉列表

图 9-4 "绘图仪配置编辑器"对话框

图 9-5 "自定义特性"设置

在"打印偏移"选项组中勾选"居中打印"复选框可居中打印图形。在"X""Y"对应的文本框内输入数值可以设定在 X 和 Y 方向上的打印偏移量。

在"打印份数"的文本框中输入数值可指定打印的份数。

"打印比例"选项组用于控制图形单位与打印单位之间的相对比例。打印布局时，默认的缩放比例设置为 1：1。选择"模型"选项卡进行打印时，默认设置为"布满图纸"。"比例"下拉列表用于选择设置打印的比例。"毫米""单位"文本框用于自定义输出单位。"缩放线宽"复选框用于控制线宽输出形式是否受到比例的影响。

单击"打印-模型"对话框右下角的 ⊙ 按钮，将展开"打印样式表"选项组。该选项组用来确定准备输出的图形相关参数。

在"打印样式表"下拉列表中可以选择打印样式，单击 图标即可打开"打印样式表编辑器"对话框，在该对话框中可对相关参数进行编辑，如图 9-6 所示。

在展开的"打印-模型"对话框的"着色视口选项"选项组中可指定着色和渲染视口的打印方式，并确定它们的分辨率大小和 DPI 值。在"打印选项"选项组中，"打印对象线宽"复选框选项用来设置打印时是否显示打印线宽勾选。"按样式打印"复选框选项表示以打印类型选项组中规定的打印样式打印。勾选"最后打印图纸空间"复选框选项表示首先打印模型空间，最后打印图纸空间。通常情况下，系统首先打印图纸空间，再打印模型空间。"隐藏图纸空间对象"复选框选项指定是否对在图纸空间视口中的对象应用"隐藏"操作。此选项仅在选择"布局"选项卡时可用。此设置的效果反映在打印预览中，而不反映在布局中。

图 9-6　"打印样式表
编辑器"对话框

"图形方向"选项组用来确定打印方向，其中"纵向"单选按钮表示选择纵向打印方向，"横向"单选按钮表示选择横向打印方向，"上下颠倒打印"复选框控制是否将图形旋转 180°打印。

"预览"按钮用于预览整个图形窗口中将要打印的图形。

完成上述参数设置后，单击"确定"按钮，系统将开始输出图形并动态显示输出进度。如果图形输出错误或用户要中断图形输出，可按 Esc 键，系统将结束图形输出。

9.2　输出图形

AutoCAD 中默认以".dwg"图形格式保存文件，但这种格式很多时候不能直接应用于其他软件平台或应用程序，要在其他应用程序中使用 AutoCAD 图形文件，必须将其转换为特定的格式。AutoCAD 可以输出多种格式的文件，供用户在不同软件之间交换数据。AutoCAD 可以输出 DXF（图形交换格式）、EPS（封装 Postscript）、ACIS（实体造型系统）、3DS（3D Studio）、WMF（Windows 图元）、BMP（位图）、STL（平版印刷）、DXX（属性数据提取）等类型格式的文件。

【命令启动方法】

• 菜单栏："文件"→"输出"。

● 命令：EXPORT。

执行"输出"命令后，系统会弹出"输出数据"对话框，如图9-7所示。输入文件名并在"文件类型"下拉列表中选择想要保存的文件类型，单击"保存"按钮即可。

图 9-7 "输出数据"对话框

9.3 打印到图形文件

图形输出是零件图设计的最后一个操作环节。在 AutoCAD 中，用户可以通过安装好的打印设备将绘制的图样打印输出到图纸上。当计算机没有安装相应的打印设备，显示打印设备选择为"无"时，将无法打印，也无法打印预览。在 AutoCAD 中，可以通过选择或添加 Windows 系统或 AutoCAD 系统自带的虚拟打印机将文件打印到图形文件，同时还可以保证图样中的数据字体不会被更改。

".pc3"是打印机配置文件的扩展名。

"Default Windows System Printer.pc3"是 Windows 系统自带的虚拟打印机，Word 等文件打印时也有，选择它只能打印预览，不能真的打印。

"DWF6 ePlot.pc3"是 AutoCAD 自带的虚拟打印机。通过该虚拟打印机可以将".dwg"图形文件虚拟打印成".dwf"矢量图形格式文件，即不可再修改的图形文件，类似图片。如果直接将".dwg"图形文件转换成".jpg"图形格式，则转换后的图形不清楚，而将文件先转换成".dwf"后再虚拟打印成".jpg"格式，图形将非常清楚。

"DWG To PDF.pc3"是 AutoCAD 自带的虚拟打印机。它将".dwg"文件转换成".pdf"格式文件，前提是要先设置好页面设置或者设置好布局，即打印预览的效果。

"PublishToWeb JPG.pc3"是 AutoCAD 自带的虚拟打印机。它将".dwg"文件打印成".jpg"图片格式，方便使用，但效果不是很好。

"PublishToWeb PNG.pc3"是 AutoCAD 自带的虚拟打印机。它将".dwg"文件打印成".png"图片格式。

9.4 综合运用——将油封盖零件图打印到 PDF 格式文件

下面将项目六中绘制的油封盖零件图输出为".pdf"格式文件。

1）执行打印命令：按组合键 Ctrl+P；

2）在弹出的"打印-模型"对话框中选择打印机"DWG To PDF.pc3"，如图9-8所示；

3）在"图纸尺寸"下拉列表中选择图纸的尺寸；

4）设置"打印区域"，在下拉列表中选择打印区域的确定方式；

5）打印到文件时，不用设置比例，勾选"布满图纸"项即可；

6）打印参数设置好之后，单击"确定"按钮，在弹出的"浏览打印文件"对话框中选择存储位置、输入文件名，如图9-9所示，单击"保存"按钮，文件即可保存为PDF格式。

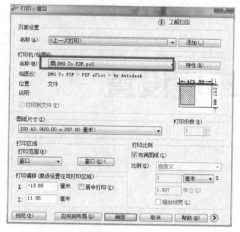

图9-8　打印为".pdf"格式文件

图9-9　"浏览打印文件"对话框

项目十

三维实体建模环境设置

◀◀◀◀◀◀

学习目标

- 熟练掌握三维视图方向的设置
- 掌握三维动态观察
- 掌握视口的切换与管理
- 掌握三维视觉样式设置
- 掌握三维用户坐标系的建立

项目任务

　　设置三维建模绘图环境，如图 10-1 所示。在给定模型斜面上绘制半径为 60mm 的圆，绘制完成后进行模型的三维动态观察，并按图 10-1 所示设置 3 个视口。要求左上方视口的视图方向为西南等轴测，视觉样式为灰度；左下方视口的视图方向为俯视，视觉样式为二维线框；右方视口的视图方向为东南等轴测，视觉样式为隐藏。

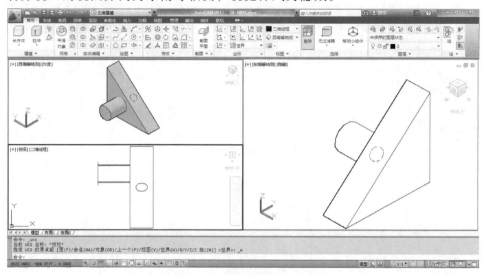

图 10-1　设置三维建模绘图环境

项目知识点

传统的工程设计图样为二维图形。而利用 AutoCAD 进行三维建模，则可以在计算机中模拟真实的物体，这些三维模型对于工程设计具有相当重要的意义。AutoCAD 中有 3 类三维模型：三维线框模型、三维曲面模型和三维实体模型。本项目仅介绍三维实体模型的构建方法。

在三维造型中三维观察及用户坐标系（UCS）的创建必不可少。由于 AutoCAD 中默认采用第三角投影，与我国机械制图中采用第一角投影的投影方法有所不同，因此个别视图会存在差别。在本项目中，要求设置三维建模环境，熟悉用户坐标系，动态观察并多视口显示三维实体。

10.1　设置三维建模绘图环境

【命令启动方法】

- 工具栏：工作空间切换为"三维建模"，如图 10-2 所示。
- 下拉菜单：切换工作空间为"三维建模"，如图 10-3 所示。

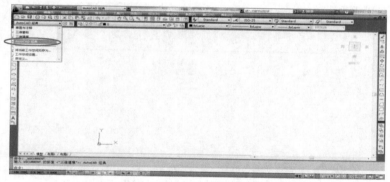

图 10-2　设置三维建模绘图环境（一）

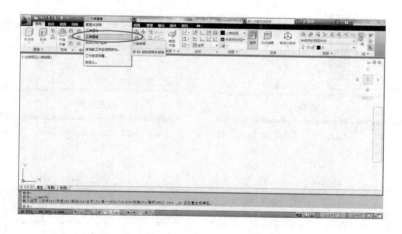

图 10-3　设置三维建模绘图环境（二）

10.2 三维视图方向

设置三维视图方向可以使用户从多种不同的角度观察绘图区域中的三维模型。

【命令启动方法】

● 面板："常用"→"视图"或"视图"→"视图"，如图10-4a、b、c所示。

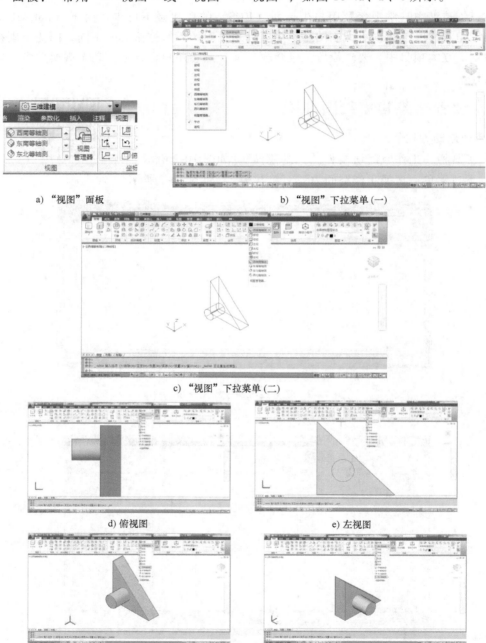

a)"视图"面板   b)"视图"下拉菜单(一)

c)"视图"下拉菜单(二)

d)俯视图   e)左视图

f)西南正等轴测图   g)西北正等轴测图

图10-4 设置视图方向

左键单击选择"西南等轴测""东南等轴测"等选项时，AutoCAD 会从不同视角显示三维实体图，如图 10-4d、e、f、g 所示。

10.3　三维动态观察

用户可以通过三维动态观察从不同角度查看对象，还可以让模型自动连续地旋转。

【命令启动方法】

● 面板："视图"→"导航"→"动态观察"。

● 工具栏："三维导航"→"动态观察"，如图 10-5 所示。

● 命令：3DORBIT、3DFORBIT、3DCORBIT。

图 10-5　"动态观察"下拉菜单

AutoCAD 中动态观察的相应选项如下：

（1）"动态观察"（受约束的动态观察）　通过左右上下拖动光标，可沿水平方向或垂直方向旋转视图，如图 10-6a 所示。

（2）"自由动态观察"　显示导航球，可在三维空间中不受滚动约束地旋转视图，如图 10-6b 所示。

（3）"连续动态观察"　可在三维空间以连续运动方式旋转视图，如图 10-6c 所示。

a) 受约束的动态观察　　　　b) 自由动态观察　　　　c) 连续动态观察

图 10-6　动态观察对象

10.4　切换与管理视口

用户可以从默认的单个视口切换到多个视口，从而方便对三维图形进行观察，还可以对视口进行合并、存储等操作，如图 10-7 所示。

【命令启动方法】

● 面板："常用"→"视图" 或 "视图"→"视口"，如图 10-8 所示。

左键单击选择不同的视口配置选项时，AutoCAD 会按照用户需要显示视图，如图 10-9 所示。

图 10-7 "视口"下拉菜单

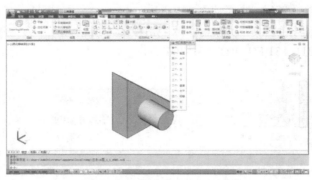

图 10-8 "视口"下拉菜单

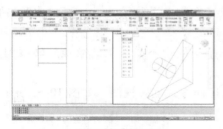

a) "两个垂直"放置视口

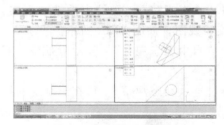

b) "四个相等"放置视口

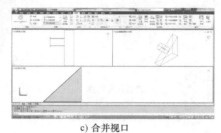

c) 合并视口

图 10-9 视口切换与管理

10.5 三维视觉样式

视觉样式用于控制边、光源和着色的显示。

【命令启动方法】

● 面板: "视图"→"视觉样式"或"常用"→"视图"→"视觉样式",如图 10-10 所示。

- 工具栏："视觉样式"。
- 命令：SHADEMODE。

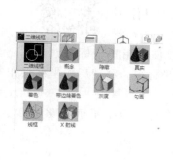

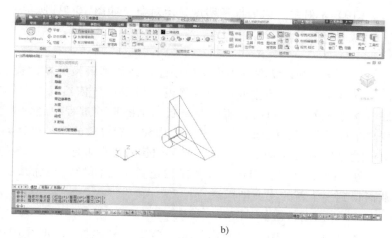

a) b)

图 10-10　"视觉样式"下拉列表

AutoCAD 中预定义的视觉样式如下：

（1）二维线框　通过使用直线和曲线表示边界的方式显示对象，此时光栅和线型、线宽均可见，如图 10-11a 所示。

（2）概念　对多边形平面间的对象进行着色，并使对象的边缘平滑化。效果缺乏真实感，但可以方便地查看模型的细节，如图 10-11b 所示。

（3）隐藏　使用三维线框方式显示对象，隐藏不可见轮廓，如图 10-11c 所示。

（4）真实　对多边形平面间的对象进行着色，并使对象的边缘平滑化，还可以使用定义的材质显示对象，如图 10-11d 所示。

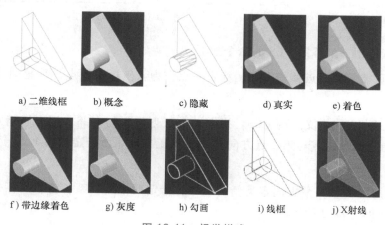

a) 二维线框　b) 概念　　c) 隐藏　　d) 真实　　e) 着色

f) 带边缘着色　g) 灰度　　h) 勾画　　i) 线框　　j) X射线

图 10-11　视觉样式

（5）着色　使用平滑着色来显示对象，如图 10-11e 所示。

（6）带边缘着色　使用平滑着色和可见边显示对象，如图 10-11f 所示。

（7）灰度　使用平滑着色和单色灰度显示对象，如图 10-11g 所示。

（8）勾画　使用线延伸和手绘效果显示对象，如图 10-11h 所示。

（9）线框　通过使用直线和曲线表示边界的方式显示对象，如图 10-11i 所示。

（10）X 射线　以局部透明度显示对象，如图 10-11j 所示。

10.6　三维用户坐标系

为了能更好地掌握三维模型的创建，必须理解坐标系的概念和具体用法。在 AutoCAD 三维空间中进行建模，很多操作依然只能限制在 XOY 平面（构造平面）上进行，所以在绘制三维图形的过程中经常需要使用用户坐标系（UCS）。用户坐标系是用于坐标输入、平面操作和查看对象的一种可移动坐标系。移动后的坐标系相对于世界坐标系（WCS）而言，就是创建的用户坐标系（UCS）。

在 AutoCAD 中，用户可以在任意位置和方向指定坐标系的原点、XOY 平面和 Z 轴等，从而得到一个新的用户坐标系。

【命令启动方法】

- 面板："视图"→"坐标" 或 "常用"→"坐标"，如图 10-12 所示。
- 工具栏：在 "UCS" 工具栏上按不同方式建立用户坐标系，如图 10-13 所示。
- 命令：UCS。

- 动态 UCS 启动方法：单击状态栏上的 "允许/禁止动态 UCS" 图标 或按 F6 键转换。

图 10-12　"坐标" 面板　　　　　　　　　图 10-13　"UCS" 工具栏

常见重新定位用户坐标系 UCS 的命令如下：

：通过重新定义原点移动 UCS。指定一点作为新坐标系原点，系统则将 UCS 平移到该点。

：通过三点方式定义新的 UCS。指定 3 个点创建新的 UCS，用户所指定的第 1 点为坐标原点，所指定的第 1 点与第 2 点方向即为 X 轴正方向，所指定的第 1 点与第 3 点方向即为 Y 轴正方向。

：通过指定 Z 轴矢量方向定义新的 UCS。指定两个点，系统将以所指定的两点方向作为 Z 轴正方向创建新的 UCS。

：恢复到上一个 UCS。在当前任务中最多可返回 10 个。

：恢复 UCS 与 WCS 重合。系统将 UCS 与 WCS 重合。

（　X　Y　Z）：绕 X、Y、Z 轴旋转 UCS。输入旋转角度，系统将通过绕指定旋转轴转过指定的角度创建新的 UCS。

: 将 UCS 与选定对象或面对齐。 将 UCS 的 *XY* 平面与垂直于观察方向的平面对齐，原点保持不变，但 *X* 轴和 *Y* 轴分别变成水平和垂直。 将 UCS 与选定对象对齐，一般情况下以选定对象作为新 UCS 的 *X* 轴。 将以选定表面作为 *XY* 平面创建新的 UCS。

: 动态 UCS。动态 UCS 处于启用状态时，可以在创建对象时使 UCS 的 *XY* 平面自动与三维实体上的平面临时对齐。结束该命令后，UCS 将恢复到其上一个位置和方向。

【实例】 运用动态 UCS 在图 10-14a 所示的楔体侧面中心点绘制出如图 10-14d 所示的水平圆柱体。

操作步骤：

1）单击状态栏上的"允许/禁止动态 UCS"图标或 F6 键，启动动态 UCS，此时为世界坐标系，如图 10-14a 所示；

2）单击" "，将光标移至侧面，此时侧面高亮显示，选中的平面，如图 10-14b 所示；

3）捕捉侧面的中心点为底面圆心后，此时 UCS 的 *XY* 平面自动与侧面临时对齐，如图 10-14c 所示；

4）在侧面绘制出如图 10-14d 所示的圆柱体，绘制结束后 UCS 将恢复到如图 10-14a 所示的世界坐标系。

a) 原UCS

b) 高亮显示选中的平面

c) 临时UCS

d) 回到原UCS

图 10-14 动态 UCS

10.7 综合运用——设置三维实体建模环境

1）单击菜单栏"文件"→"打开"命令，打开文档"10-1 楔体"；

2）调整视图方向为"西南等轴测"；

3）调整视觉样式为"二维线框"；

4）打开动态 UCS，通过状态栏上的"允许/禁止动态 UCS"图标或 F6 键来转换；

5）在倾斜面上绘制圆，输入"C"空格，移动光标至斜面，此时斜面高亮显示，捕捉斜面中心点为圆心，输入半径"60"空格；

6）动态观察三维模型：面板"视图"→"导航"→"动态观察"；

7）设定 3 个视口："视图"→"视口"→"视口配置列表"→"三个：右"；

8）按题意分别调整 3 个视口的视图方向和视觉样式，结果如图 10-15 所示；

9）单击"工具栏"上 图标，保存图形文件"10-1 建模环境 .dwg"。

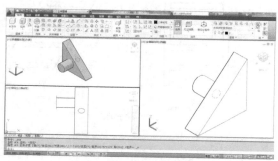
图 10-15 视图方向和视觉样式

项目十一

创建梯子实体模型

◀◀◀◀◀◀◀

学习目标

- 掌握基本三维实体的绘制
- 掌握面域命令和边界命令的运用
- 掌握布尔运算
- 掌握拉伸建模命令

项目任务

根据图 11-1a 所示梯子的二维图形，创建如图 11-1b 所示梯子的三维实体。

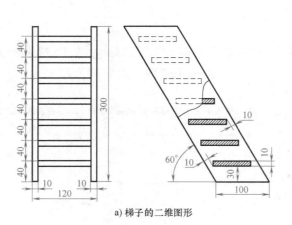

a) 梯子的二维图形

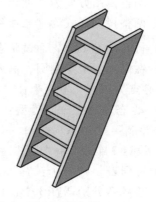

b) 梯子的三维实体

图 11-1　梯子

项目知识点

基本三维实体是三维图形中常用的组成部分。AutoCAD 提供了长方体、圆柱体、圆锥体、球体、圆环体、楔体和棱锥体等基本三维实体的绘制命令，通过这些命令可以轻松地创建简单的三维实体模型。

除了使用基本三维实体绘制命令外，还可以通过拉伸等命令，将现有的直线、多段线和曲线等二维图形对象转换成三维实体或曲面模型。

在本项目中，主要要求使用面域命令、拉伸命令、布尔运算完成梯子三维实体的绘制。

11.1 基本三维实体的绘制

在 AutoCAD 中，可以通过基本三维实体建模命令轻松、快捷地创建简单的三维实体模型。

【命令启动方法】

* 菜单栏："绘图"→"建模"→"基本体"。
* 面板："实体"→"图元"→"基本体" 或 "常用"→"建模"→"基本体"，如图 11-2 所示。
* 命令：BOX（长方体）、CYLINDER（圆柱体）、CONE（圆锥体）、SPHERE（球体）、PYRAMID（棱锥体）、WEDGE（楔体）、TORUS（圆环体）、POLYSOLID（多段体）。

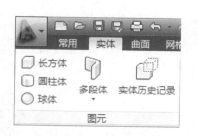

图 11-2　基本三维实体下拉菜单

常见基本三维实体创建选项如下。

* 长方体：用 BOX 命令可以创建长方体，创建时可以用底面顶点来定位，也可以用长方体中心来定位，所生成的长方体的底面平行于当前 UCS 的 XY 平面，长方体的高沿 Z 轴方向。
* 圆柱体：用 CYLINDER 命令可以绘制圆柱体、椭圆柱体，所生成的圆柱体、椭圆柱体的底面平行于 XY 平面，轴线与 Z 轴平行。
* 圆锥体：使用 CONE 命令可以绘制圆锥体、椭圆锥体，所生成的圆锥体、椭圆锥体的底面平行于 XY 平面，轴线与 Z 轴平行。
* 球体：球体是最简单的三维实体，使用 SPHERE 命令可以按指定的球心、半径或直径绘制实心球体，球体的纬线与当前 UCS 的 XY 平面平行，轴线与 Z 轴平行。
* 棱锥体：使用 PYRAMID 命令可以通过基点的中心、边的中心和确定高度的另一个点来绘制棱锥体。
* 楔体：使用 WEDGE 命令可以绘制楔体，其斜面高度将沿 X 轴正方向减少，底面平行于 XY 平面。绘制方法与长方体类似，可以用底面顶点定位或楔体中心定位。
* 圆环体：使用 TORUS 命令可绘制圆环体。圆环体由两个半径定义，一个是从圆环体中心到管道中心的圆环体半径，另一个是管道半径。
* 多段体：使用 POLYSOLID 命令可以创建多段体，还可以将现有直线、二维多段线、

圆弧或圆转换为多段体。

【实例】 创建长方体。

操作步骤:

1) 在视图管理器选择"西南等轴测";

2) 单击基本体小黑三角形,如图 11-3a 所示,选择"长方体";

3) 绘图区域单击第一个角点,输入"L"空格;

4) 输入长度值,空格,输入宽度值,空格,如图 11-3b 所示;

5) 光标向上或者下拉出方向,输入高度值,空格,如图 11-3c 所示。

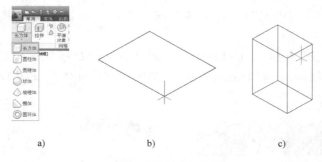

a)   b)   c)

图 11-3 创建长方体

11.2 创建面域

面域是由直线、圆弧、多段线、样条曲线等对象组成的二维封闭区域。面域是一个独立的对象,可以进行各种布尔运算。因此,常用面域来创建一些比较复杂的图形,在三维实体绘制中面域扮演着非常重要的角色。

【命令启动方法】

● 菜单栏:"绘图"→"面域"。

● 面板:单击"常用"→"绘图"→"面域"图标 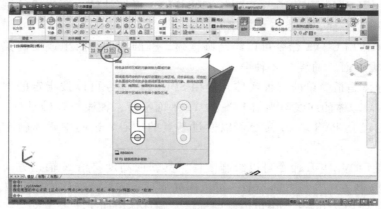,如图 11-4 所示。

图 11-4 "面域"图标

● 命令:REGION。

执行"面域"命令后，将提示选择对象，所选对象必须是封闭区域，该命令才能实现。创建完成后原图形对象被删除。

【实例】　已知图 11-5a 所示图形，将其创建为一个面域。

操作步骤：

1）用圆和修剪命令绘出图 11-5a 所示图形；

2）左键单击图标 ，选择所绘图形对象，空格，效果如图 11-5b 所示。

创建面域后，所选的封闭图形会被组合成为一个整体。从外观上看，面域和一般的封闭图形没有区别，但是单击图形后，通过夹点可以看出两者的不同之处，如图 11-6 所示。

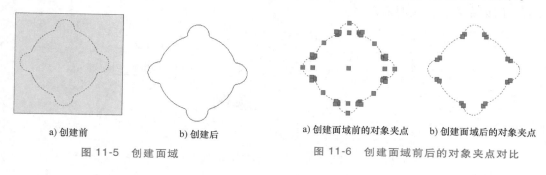

图 11-5　创建面域　　　　　　　　　图 11-6　创建面域前后的对象夹点对比

11.3　布尔运算

通过布尔运算可以创建复杂的三维实体、曲面或面域。在 AutoCAD 中，布尔运算包括"并集""差集"和"交集"3 种类型。

【命令启动方法】

- 菜单栏："修改"→"实体编辑"→"布尔运算"。
- 面板："常用"→"实体编辑"或"实体"→"布尔值"，如图 11-7 所示。
- 命令：UNION（并集）、SUBTRACT（差集）、INTERSECT（交集）。

在布尔运算时，所有参与操作的对象都必须是面域或实体。

图 11-7　"布尔运算"图标

"并集"命令是将选择的所有对象合并成一个对象，是一种叠加，用于多个对象合并成一个对象。

"差集"命令是将第一次选择的对象，减去第二次选择的对象，相当于挖切。在两次选择中都可以是单一对象，也可以是多个对象。如果两个对象没有相交，则减去的对象将会被删除。

"交集"命令将得到所选择的两个（或多个）对象共有部分的实体。如果对象没有相交，则被选中的对象将会被删除。

布尔运算所针对的对象只能是面域或实体。如果是平面图形，在进行布尔运算前应先使用面域命令转换成面域后再操作。

【实例】 已知图 11-8a 所示图形，用布尔运算"并集"将其生成为如图 11-8c 所示的新面域。

操作步骤：

1）先分别将两个图形创建成面域；

2）执行"并集"命令，单击 ⊙⊙ 图标；

3）选择要合并的所有对象，如图 11-8b 所示；

4）结束命令，完成图形合并。

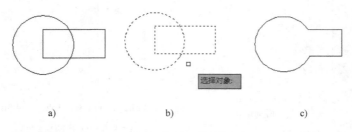

a)   b)   c)

图 11-8　布尔运算"并集"

【实例】 已知图 11-9a 所示图形，用布尔运算"差集"将其生成为如图 11-9d 所示的新面域。

操作步骤：

1）先分别将两个图形创建成面域；

2）执行"差集"命令，单击 ⊙⊙ 图标；

3）选择被剪（要保留）的对象，选择圆，空格，如图 11-9b 所示；

4）选择要剪去的对象，选择矩形，如图 11-9c 所示；

5）结束命令，被剪切后的图形绘制完成。

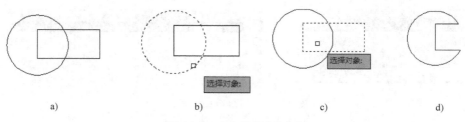

a)   b)   c)   d)

图 11-9　布尔运算"差集"

【实例】 已知图 11-10a 所示图形，用布尔运算"交集"将其生成为如图 11-10c 所示的新面域。

操作步骤：

1）先分别将两个图形创建成面域；

2）执行"交集"命令，单击 ⊙⊙ 图标；

3）选择要求共有图形的对象，选择两个对象，如图 11-10b 所示；

4）结束命令，原两对象被删除，只保留两图形对象共有部分。

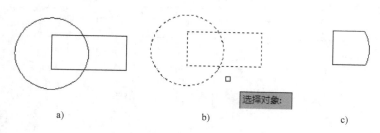

图 11-10 布尔运算"交集"

11.4 边界命令

"边界"命令用封闭区域创建面域或多段线，创建后生成新的图形对象，原图形对象被保留。

【命令启动方法】

- 面板：单击"常用"→"绘图"上 图标，如图 11-11 所示。
- 命令：BOUNDARY。

执行"边界"命令后，将弹出"边界创建"对话框，如图 11-12 所示。单击 **拾取点(P)** 图标，可在屏幕上选择闭合图线内部点来确定要创建的边界。通过"对象类型"右侧的下拉列表，可以选择边界对象类型是"多段线"或"面域"。

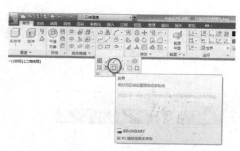

图 11-11 "边界"图标

图 11-12 "边界创建"对话框

【实例】 将图 11-13a 中两图形相交部分设定为多段线。

操作步骤：

1）执行"边界"命令，单击 图标；

2）进行边界创建，在弹出的"边界创建"对话框中单击"拾取点"图标；

3）确定要创建的边界图形，移动光标到图形内部，拾取内部任意一点，如图 11-13b 所示；

4）结束命令。

命令结束后，两图形中的共有部分的图形将创建合并为多段线，原有的两图形线条并未发生改变，如图 11-13c 所示。

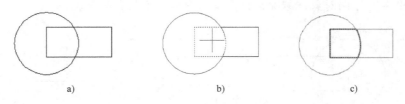

a)   b)   c)

图 11-13   边界命令创建多段线

11.5   拉伸命令

用户可以通过"拉伸"命令，按指定路径或高度延伸二维对象的形状，从而创建三维实体或曲面。拉伸功能有两种方式：一种是做高度拉伸，即沿 2D 对象的法线拉伸，当指定拉伸斜角时，可以产生有锥度的实体；另一种是沿指定路径拉伸，当路径是曲线时，可生成弯曲的实体。

如图 11-14 所示，高度拉伸时，指定不同的倾斜角度，可以生成不同造型的实体。

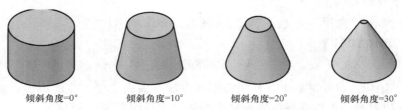

倾斜角度=0°   倾斜角度=10°   倾斜角度=20°   倾斜角度=30°

图 11-14   拉伸时倾斜角度不同生成的实体

【命令启动方法】

- 菜单栏："绘图"→"建模"→"拉伸"，如图 11-15 所示。
- 面板："常用"→"建模"→"拉伸" 或 "实体"→"实体"→"拉伸"。
- 命令：EXTRUDE 或快捷键 EXT。

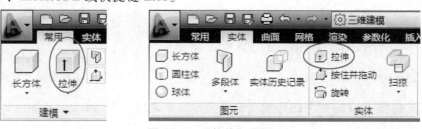

图 11-15   "拉伸"图标

执行拉伸命令后选择拉伸对象，输入拉伸高度即可完成拉伸建模操作。拉伸建模可以同时对多个对象进行同方向同拉伸长度的建模操作。

【实例】   沿指定路径拉伸图形，如图 11-16a 所示。

操作步骤：

1）绘制基本图形：绘制圆及路径曲线；

2）执行"拉伸"命令：单击拉伸 图标；

3）选择要拉伸的对象：选择圆，回车；

4）设定要倾斜的角度，输入"T"回车；

5）输入倾斜角度，回车；

6）选择路径拉伸项，输入"P"，回车；选择路径曲线，完成拉伸，结果如图 11-16b 所示。如不带倾斜角度进行拉伸，结果如图 11-16c 所示。

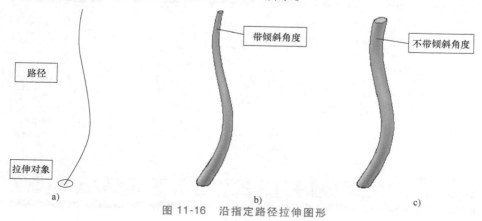

图 11-16　沿指定路径拉伸图形

注意：当沿指定路径拉伸时，拉伸实体起始于拉伸对象所在的平面，终止于路径的终点处的法平面。

11.6　综合运用——创建梯子实体模型

根据平面图形创建实体模型，应先分析形体特征。分析图 11-1a 可知：梯子由左右两侧竖板以及 7 块大小一致、均布的踏板构成。首先确定建模步骤。以左侧立板为主体进行建模，右侧立板可采用复制完成，踏板可通过创建一个截面后用二维阵列命令来完成。

1）左键单击菜单栏"文件"→"新建"命令，新建空白文档；

2）设置三维绘图环境：视图方向选择"右视"，视觉样式选择"二维线框"，根据图 11-1a 中所示尺寸绘制梯子的二维线框图，如图 11-17 所示；

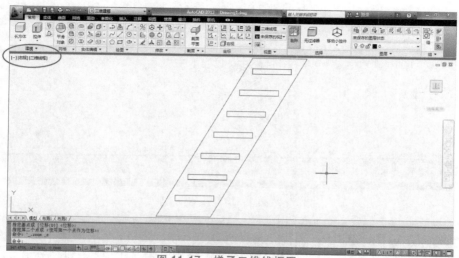

图 11-17　梯子二维线框图

3）改变视图方向为"东南等轴测"，如图 11-18 所示；

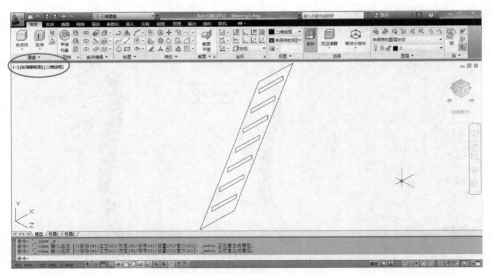

图 11-18　改变视图方向

4）创建面域：单击　图标，选择图中 8 个封闭线框，空格；

5）使用"拉伸"命令，选定大框进行拉伸：单击　图标，选择大框，空格；输入拉伸高度"-10"，空格，如图 11-19 所示；

6）按照步骤 5）操作方法将 7 个小框拉伸"100"，如图 11-19 所示；

7）在正交模式下，使用复制命令对竖板进行复制：输入"CP"空格，选中左竖板，捕捉基点，输入复制的位移量"110"，空格，如图 11-20 所示；

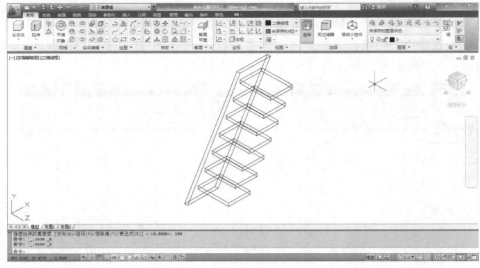

图 11-19　拉伸

8）进行布尔运算：单击　图标，选定所有长方体，空格，9 块板合并成一个实体；

9）在不同视觉样式下观察实体：视觉样式分别选择"隐藏"和"概念"，结果如

图 11-21所示；

10）保存图形文件：单击 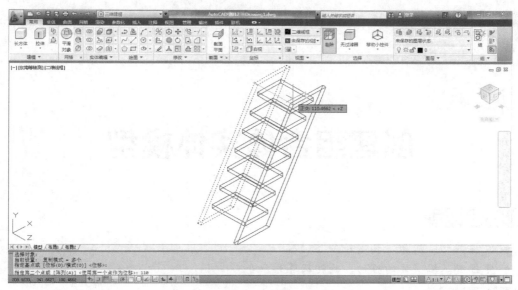 图标，将文件保存为"梯子．dwg"。

图 11-20　复制

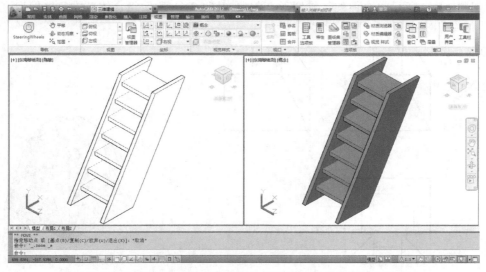

图 11-21　两个视口观察"隐藏"和"概念"视觉样式的梯子视图

项目十二

创建组合体实体模型

◄◄◄◄◄◄◄

学习目标

- 掌握剖切、压印、抽壳等命令
- 掌握对三维实体的移动、旋转及阵列命令

项目任务

根据图 12-1a 所示组合体的二维图形，创建如图 12-1b 所示组合体三维实体模型。

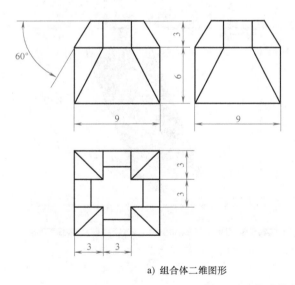

a) 组合体二维图形

b) 组合体实体

图 12-1　组合体图形

项目知识点

在三维建模空间中，单纯地使用基本建模命令无法创建复杂的模型。在 AutoCAD 中提供了诸多关于三维对象的编辑和修改命令，可以通过剖切、压印、抽壳等实体编辑命令和三

维旋转、三维移动、三维阵列等修改命令对三维实体进行操作。通过这些命令可以轻松地创建复杂的三维实体模型。

在本项目中，在使用基本三维实体绘制命令的基础上，增加了多个三维编辑和修改命令操作。

12.1　剖切

使用"剖切"命令可以根据指定的剖切平面将一个实体分割为两个独立的实体，并可以继续剖切，将其任意切割为多个独立的实体。

【命令启动方法】

- 菜单栏："修改"→"三维操作"→"剖切"。
- 面板：单击"常用"→"实体编辑"或"实体"→"实体编辑"上 图标，如图 12-2 所示。
- 命令：SLICE 或快捷键 SL。

执行"剖切"命令后，选择剖切实体，在命令提示行将出现提示"平面对象（O）/曲面（S）/Z轴（Z）/视图（V）/XY（XY）/YZ（YZ）/ZX（ZX）/三点（3）"，根据提示输入相应的字母，选择所需的剖切方式。

图 12-2　"剖切"图标

【实例】　用"三点（3）"法剖切实体，如图 12-3 所示。

操作步骤：

1）单击 图标，选择要剖切的实体；
2）按空格键，确定要剖切的实体；
3）选择三点剖切，输入"3"空格；
4）指定 3 点确定剖切平面；
5）在要保留的一侧单击鼠标左键。

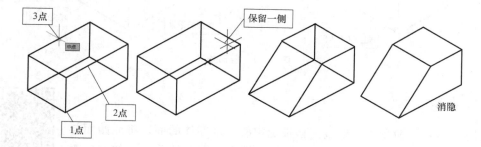

图 12-3　"三点法"剖切实体

12.2　压印

使用"压印"命令可以在三维实体上创建一个面。用户可以对这个子面做拉伸、移动、复制等操作。

【命令启动方法】

- 菜单栏："修改"→"实体编辑"→"压印边"。

- 面板：单击"常用"→"实体编辑"或"实体"→"实体编辑"上 ⬛ 图标，如图12-4所示。

- 命令：IMPRINT。

图12-4 "压印"图标

执行"压印"命令后，首先选择的是要被压印的实体，再选择要压印的实体或线条。

【实例】 根据图12-5所示流程进行操作。

操作步骤：

1）执行"压印"命令：单击 ⬛ 图标；

2）选择要被压印的实体：选择下方长方体；

3）选择要压印的实体：选择上方圆柱；

4）选择压印后不保留要压印的实体，输入"Y"空格；

5）结束压印命令：空格。

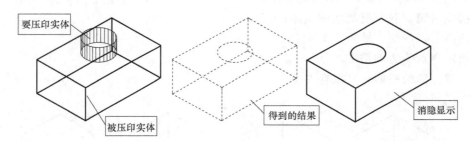

图12-5 压印操作

12.3 抽壳

使用"抽壳"命令可以通过偏移被选中的三维实体的面，将原始面与偏移面之外的实体删除。正的偏移距离使三维实体向内偏移，负的偏移距离使三维实体向外偏移。

【命令启动方法】

- 菜单栏："修改"→"实体编辑"→"抽壳"。

- 面板：单击"常用"→"实体编辑"或"实体"→"实体编辑"上 ⬛ 图标，如图12-6所示。

● 命令：SOLIDEDIT。

图 12-6　"抽壳"图标

执行"抽壳"命令后，可以选择要删除的面，被选中要删除的面将整面被移除，即零厚度。在抽壳命令选项中可以选择"压印（I）/分割实体（P）/抽壳（S）"等选项，当未进行选择（直接回车）时，系统默认为抽壳操作。

【实例】　根据图 12-7 所示流程进行操作。

操作步骤：

1）执行抽壳命令：单击 图标；

2）选择要被抽壳的实体：选择如图 12-7a 所示实体，选定后如图 12-7b 所示；

3）选择要删除的上表面：选定曲面体的上表面，空格，如图 12-7c 所示；

4）设置抽壳的厚度，输入"5"（壁厚）空格；

5）结束抽壳操作：空格，空格。

完成"抽壳"命令，结果如图 12-7d 所示。在操作时只是删除了上表面，实体下表面未被删除，可以看到下表面仍然被保留，厚度为抽壳厚度，如图 12-7f 所示。

如步骤 4）中输入的偏移距离为"15"，其结果如图 12-7e 所示。

12.4　三维移动

使用"三维移动"命令可以自由移动三维实体模型。

【命令启动方法】

● 菜单栏："修改"→"三维操作"→"三维移动"。

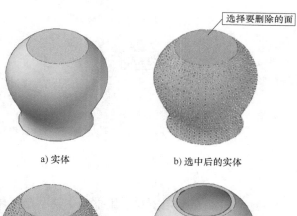

a) 实体　　　　　　　　　　　b) 选中后的实体

选择要删除的面

c) 删除了上表面的实体　　　d) 抽壳后的实体(抽壳距离为"5")

e) 抽壳后的实体(抽壳距离为"15")　　f) 抽壳后的实体下表面

图 12-7　抽壳操作

- 面板："常用"→"修改"→"三维移动" ⊕ 图标。
- 命令：3DMOVE。

执行"三维移动"命令后，先选择要移动的实体，再由选定的移动基点将实体移动到指定目标点位置。

【实例】 将长方体移动到任意位置，如图 12-8 所示。

操作步骤：

1）执行"三维移动"命令：单击"三维移动" ⊕ 图标；

2）选择要移动的实体：选定长方体，空格；

3）指定移动的基点：移动光标，拾取长方体上角点为基点；

4）指定目标位置：移动光标拾取点为第二个点或输入位移量确定目标点，完成三维实体移动。

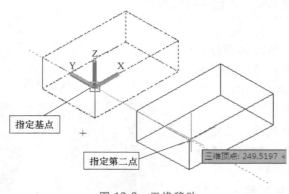

图 12-8　三维移动

12.5　三维旋转

"三维旋转"命令用于在三维空间中绕某坐标轴旋转三维实体。

【命令启动方法】

- 菜单栏："修改"→"三维操作"→"三维旋转"。

- 面板：单击"常用"→"修改"上 ⊕ 图标。

- 命令：3DROTATE。

执行"三维旋转"命令后，选择要旋转的实体，在指定旋转的基点后，将在基点处出现旋转轴，通过拾取 3 个旋转轴中任意一个，输入相应角度可以实现实体绕此旋转轴旋转任意角度。

【实例】 将图 12-9 所示三维实体进行三维旋转。

操作步骤：

1）执行"三维旋转"命令：单击三维旋转 ⊕ 图标；

2）选择要旋转的实体：选择长方体，回车；

3）指定基点：选择长方体上角点为旋转的基点；

4）拾取旋转轴：将光标移到旋转夹点工具的任意圆环上时会出现一条轴线，选择所需的轴线，单击鼠标左键，即可选定旋转轴；

　　5）指定角的起点或键入角度：输入旋转角度，回车，完成长方体绕指定轴的旋转。

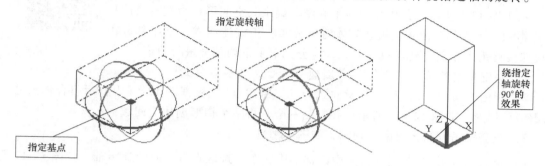

图 12-9　三维旋转

12.6　三维阵列

　　使用"三维阵列"命令可以进行三维阵列复制，即复制出的多个实体在三维空间按一定阵列排列，该命令既可以复制二维图形，也可以复制三维图形。

　　【命令启动方法】

- 菜单栏："修改"→"三维操作"→"三维阵列"。
- 命令：3DARRAY。

　　AutoCAD 为用户提供了 2 种阵列方式：矩形阵列、环形阵列。

　　执行"三维阵列"命令后，选择要阵列的实体，分别指定行数、列数、层数和行距、列距、层高，即可完成三维实体在空间的阵列。

　　【实例】　用 3×4×2 矩形阵列复制尺寸为"50"的正方体，行、列、层间距为"80"。

　　操作步骤：

　　1）执行"三维阵列"命令：输入"3DARRAY"空格；

　　2）选择要阵列的实体：选择尺寸为"50"的正方体，回车；

　　3）选择阵列类型为矩形阵列：输入"R"空格；

　　4）分别指定行数、列数、层数：输入"3"空格，"4"空格，"2"空格；

　　5）分别指定行距、列距、层高：输入"80"空格，"80"空格，"80"空格。

　　完成的三维矩形阵列如图 12-10 所示。

 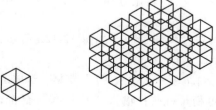 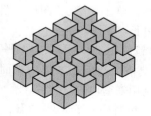

图 12-10　三维矩形阵列

12.7 综合运用——创建组合体实体模型

根据图 12-1 所示，分析组合体平面图。确定其空间形状为左右及前后对称结构，上半部分由 4 块楔状实体对称分布在正方体四周；下半部分由 2 块四棱柱垂直相交。确定建模方式，应分别对上下两部分进行建模。

1）左键单击菜单栏"文件"→"新建"命令，新建空白文档；

2）视图方向为"右视"，视觉样式为"二维线框"，根据图 12-1a 中所示组合体尺寸绘制下半部梯形，如图 12-11a 所示，并复制一个，将两个梯形创建为面域；

3）改变视图方向为西南等轴测，如图 12-11b 所示；

4）单击三维旋转 ⊕ 图标，选中两梯形中一个，选取垂直方向的旋转轴，如图 12-11 所示，输入旋转角度"90"空格；

5）移动两梯形中一个，让两梯形下角点重合，如图 12-11d 所示；

6）同时拉伸两梯形：单击建模 图标，选定两个梯形，拉伸高度为"9"，拉伸后如图 12-11e 所示；

7）将两梯形实体合并：单击布尔运算 ◎ 图标，选定两梯形，使两梯形对象合并成为一个实体，输入"HIDE"消隐显示，如图 12-11f 所示；

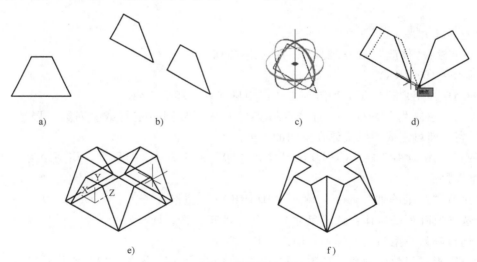

a)   b)   c)   d)

e)   f)

图 12-11 组合体下半部图形

8）根据图 12-1a 中所示组合体尺寸绘制上半部正方体，再复制一个，如图 12-12a 所示；在正交模式下，单击建模 图标，选择"C"项创建正方体，可在屏幕上任意指定一点后输入正方体边长"3"；

9）创建新的用户坐标系，XY 平面平行正方体前端面，如图 12-12b 所示：输入"UCS"空格，"F"空格，选定正方体前端面，空格；

10）绘制用来剖切的 60°参照线，如图 12-12c 所示：输入"L"空格，选取正方体下角点；

11）输入相对坐标确定第二点，线段可稍长一些：输入"@5<60"空格；

12）将 60°线段压至正方体表面，如图 12-12d 所示：单击压印 图标，选取正方体后再选取直线，选择删除原对象选项"Y"，空格，完成压印；

13）将带压印线条的正方体，沿压印线剖切成四棱柱，如图 12-12g 所示：单击剖切 图标，选取正方体，选择 3 点剖切，拾取如图 12-12e 所示的 3 点，单击如图 12-12f 所示的要保留一侧；

14）移动四棱柱到与另一正方体角点重合，如图 12-12h 所示：单击三维移动 图标，进行实体移动；

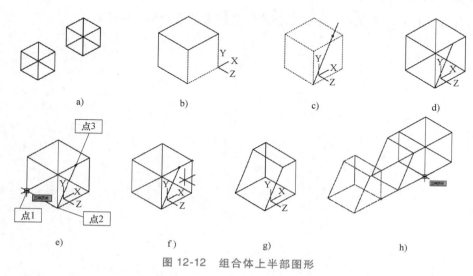

图 12-12　组合体上半部图形

15）单击 图标，回到世界坐标系；

16）以正方体为中心，环形阵列四棱柱：执行"三维阵列"命令（3DARRAY），选定四棱柱，如图 12-13a 所示，选择环形阵列"P"，输入阵列数"4"，指定正方体上表面中心点为阵列中心点，选定旋转轴为 Z 轴，结果如图 12-13b 所示；

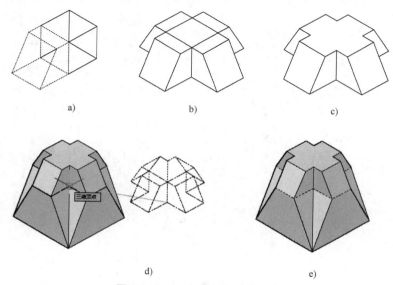

图 12-13　生成组合体三维实体

17）合并实体：单击布尔运算 ⬤⬤ 图标，选定 4 个棱柱和正方体，使 5 个几何体成为一个实体，输入"HIDE"选择消隐观察，结果如图 12-13c 所示；

18）改变视觉样式为"灰度"，移动上半部分与下半部分角点重合，在选定基点时应选择两体共点的特殊点，以便准确定位，结果如图 12-13d 所示；

19）合并实体：单击布尔运算 ⬤⬤ 图标，选定所有实体，将上下两部分合并成一个实体，结果如图 12-13e 所示；

20）保存文件：单击 💾 按钮，保存图形文件为"组合体 . dwg"。

创建底座实体模型

学习目标

- 掌握用旋转命令创建三维实体
- 掌握对三维实体的倒角边和圆角边操作
- 掌握三维实体的移动、对齐及镜像命令的操作

项目任务

根据图 13-1a 所示零件的二维图形，绘制如图 13-1b 所示零件的三维实体图。

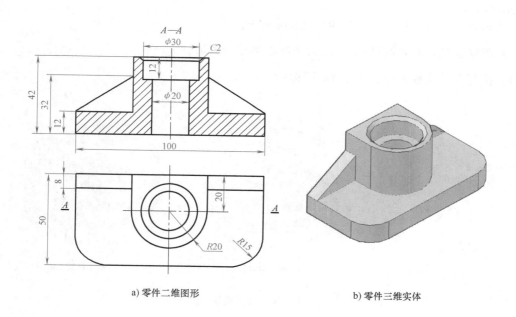

a) 零件二维图形

b) 零件三维实体

图 13-1 零件图形

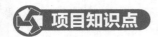

13.1　旋转

通过"旋转"命令旋转一个二维图形来生成一个三维实体模型，该功能经常用于生产具有异形截面的旋转体。

【命令启动方法】

- 菜单栏："绘图"→"建模"→"旋转"。
- 面板：单击"常用"→"建模"或"实体"→"实体"上 图标，如图 13-2 所示。
- 命令：REVOLVE 或快捷键 REV。

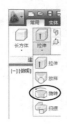

图 13-2　"旋转"图标

执行"旋转"命令，可以将选择的对象（一般是面域）绕指定的旋转轴旋转任意角度（默认 360°）建模。

【实例】　已知图 13-3a 所示图形，用"旋转"命令将其创建为一个实体。

操作步骤：

1）用直线命令和修剪命令绘出图 13-3a 所示图形；

2）创建面域：单击 图标，将封闭线框创建为面域；

3）执行旋转建模命令：单击 图标；

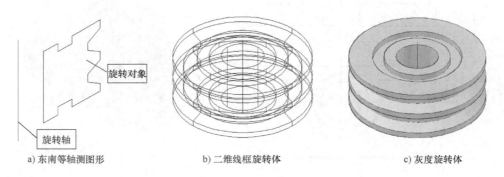

a) 东南等轴测图形　　　　b) 二维线框旋转体　　　　c) 灰度旋转体

图 13-3　旋转建模

4）选择要旋转的对象：选择刚绘制的图形截面，空格；

5）确定旋转轴：拾取直线的两端点；

6）输入旋转角度（默认360°）：空格。

完成的旋转建模如图13-3b、c所示。

13.2　倒角边

使用"倒角边"命令不仅可以对平面图形进行倒角，还可以对三维实体进行倒角。在对三维实体进行倒角时，必须要先指定一个基面，然后才能对由基面形成的边进行倒角，而不能对非基面上的边进行倒角。

【命令启动方法】

- 菜单栏："修改"→"实体编辑"→"倒角边"。
- 面板：单击"常用"→"修改"或"实体"→"实体编辑"上图标，如图13-4所示。
- 命令：CHAMFER。

图13-4　"倒角边"图标

【实例】　绘制一个长为"30"、宽为"40"、高为"10"的长方体，对其前上角进行倒角；倒角距离：前端面距离为"2"，上表面距离为"4"。

操作步骤：

1）绘制长方体：单击图标，单击绘图区域上任意一点；

2）以尺寸绘制长方体：输入"L"空格；

3）输入对应长、宽、高：输入"30"空格，"40"空格，"10"空格；

4）执行倒角边命令，对长方体进行倒角：单击图标；

5）选择要倒角的边：选择边，如图13-5a所示，选定后如图13-5b所示；

6）选择距离倒角：输入"D"空格；

7）输入两边倒角距离"2"空格，"4"空格，结果如图13-5c所示；

8）结束绘制：空格，空格，结果如图 13-5d 所示。

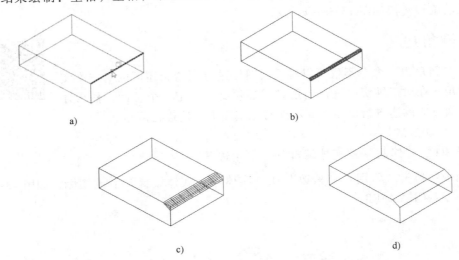

a)　　　　　　　　　　　　　　b)

c)　　　　　　　　　　　　　　d)

图 13-5　倒角边操作

13.3　圆角边

"圆角边"命令与"倒角边"命令类似，不仅可以对平面图形进行圆角，还可以对三维实体进行圆角。

【命令启动方法】

- 菜单栏："修改"→"实体编辑"→"圆角边"。
- 面板：单击"常用"→"修改"或"实体"→"实体编辑"上 图标，如图 13-6 所示。
- 命令：FILLET。

图 13-6　"圆角边"图标

【实例】　如图 13-7a 所示，给零件的几条棱边进行圆角处理。

操作步骤：

1）对零件进行圆角，执行"圆角边"命令：单击 图标；

2）选择要圆角的边：选择如图 13-7a 所示 4 条边，选定后如图 13-7b 所示；

3）选择半径圆角，设置所需圆角半径：输入"R""10"空格，结果如图 13-7c 所示；

4）结束绘制：空格，空格，结果如图 13-7d 所示。

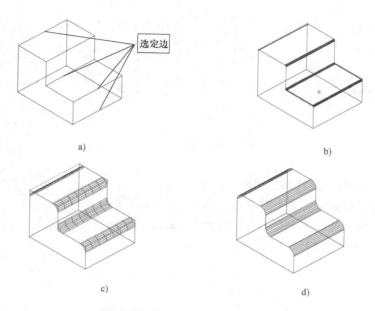

选定边

a)

b)

c)

d)

图 13-7　圆角边操作

13.4　三维对齐

　　使用"三维对齐"命令可以在三维空间中将两个图形按指定的方式对齐。AutoCAD 将根据用户指定的对齐方式来改变对象的位置或进行缩放，以便能够与其他对象对齐。

【命令启动方法】

- 菜单栏："修改"→"三维操作"→"三维对齐"。
- 面板：单击"常用"→"修改"上 图标。
- 命令：3DALIGN。

AutoCAD 为用户提供了 3 种对齐方式：

（1）一点对齐（共点）　当只设置一对点时，可实现点对齐。

操作步骤：

1）单击 图标，选择调整对象，回车；

2）确定被调整对象的对齐点（起点），输入"C"继续；

3）确定基准对象的对齐点（终点），输入"X"退出。

三维共点对齐如图 13-8 所示。

（2）两点对齐（共线）及放缩　当设置两点对齐时，可实现线对齐。使用这种对齐方式，被调整的对象将做两个运动：先按第 1 对点平移，作点对齐；然后再旋转，使第 1、第 2 起点的连线与第 1、第 2 终点的连线共线。

　　操作步骤：

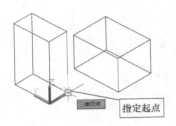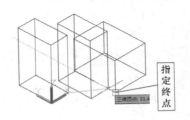

图 13-8　三维对齐（共点）

1）单击 图标，选择调整对象，回车；

2）确定被调整对象的 2 个对齐点（起点），输入"C"；

3）确定基准对象的 2 个对齐点（终点），输入"X"。

三维共线对齐如图 13-9 所示。

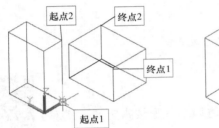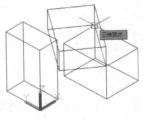

图 13-9　三维对齐（共线）

（3）三点对齐（共面）　当选择 3 点时，选定对象可在三维空间移动和旋转，并与其他对象对齐。

操作步骤：

1）单击 图标，选择调整对象，回车；

2）确定被调整对象的 3 个对齐点（起点）；

3）确定基准对象的 3 个对齐点（终点）。

三维共面对齐如图 13-10 所示。

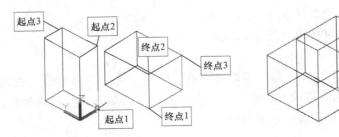

图 13-10　三维对齐（共面）

13.5　三维镜像

使用"三维镜像"命令可以以任意空间平面为镜像面，创建指定对象的镜像副本，源对象与镜像副本相对于镜像面彼此对称。

【命令启动方法】

- 菜单栏："修改"→"三维操作"→"三维镜像"。
- 面板：单击"常用"→"修改"上 %图标。
- 命令：MIRROR3D。

AutoCAD 为用户提供了 8 种镜像方式："对象""最近的""Z 轴""视图""XY 平面""YZ 平面""ZX 平面""三点"。

下面以三点法为例说明"三维镜像"命令的操作。

操作步骤：

1）单击 %图标，选择要镜像的实体；

2）回车，确定要镜像的实体；

3）输入"3"空格；

4）指定 3 个点作为镜像平面；

5）输入"N"空格，确认保留原始对象。

三维镜像如图 13-11 所示。

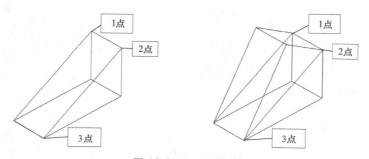

图 13-11　三维镜像

13.6　综合运用——创建底座实体模型

根据图 13-1 所示零件图，分析所给平面图形。底座实体由底板、两块肋板、U 形台及中间台阶孔所构成。确定建模方案为：肋板和底板可由基本体直接进行创建，U 形台可以用拉伸进行建模，台阶孔可以利用旋转建模。

1）新建文件：单击文件菜单栏"文件"→"新建"命令，新建空白文档；

2）设置三维建模环境，绘制平面图形：视图方向为"俯视"，视觉样式选择"二维线框"，根据图 13-1a 中所示组合体尺寸绘制半圆台俯视图并创建为面域，切换看图方向至"西南等轴测"；

3）进行拉伸建模：单击 图标，选择图形，空格，输入半圆台拉伸高度"30"；输入"HIDE"空格，用消隐方式进行观察，如图 13-12a 所示；

4）用基本体命令创建底板：单击▢图标，在屏幕上任意取一点为起点，选择"L"空格输入"100"空格，"50"空格，"12"空格，结果如图 13-12b 所示；

5）对长方体进行圆角处理：单击▢图标，选取长方体前面二条竖直棱线，选择半径圆角，输入"R"空格，输入圆角半径"15"空格，结束圆角命令后，效果如图 13-12c 所示；

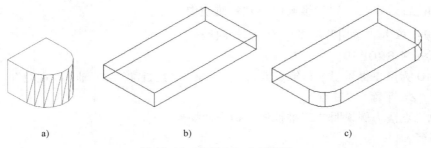

a)   b)   c)

图 13-12   半圆台与底板建模

6）对两实体进行两点对齐：单击▢图标，选定半圆台，空格，点取半圆台下表面 X 方向 2 个中心点，输入"C"空格，点取底板上表面 X 方向 2 个中心点，如图 13-13a 所示，输入"X"空格；输入"HIDE"空格，用消隐方式观察，如图 13-13b 所示；

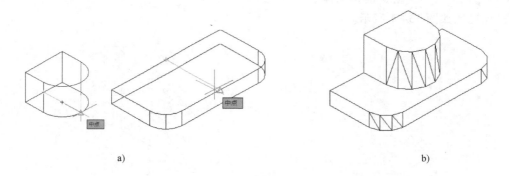

a)   b)

图 13-13   两实体对齐

7）单击布尔运算◯◯图标→选定两个实体→空格，使之成为一个实体，选择消隐方式，输入"HIDE"；

8）创建 UCS，使 XY 平面竖直：单击坐标▢·图标→空格，坐标系转换如图 13-14a 所示；

9）绘制台阶孔二维线框，创建面域：单击"旋转"▢图标→选中图形→空格→拾取左方竖线两端点→空格→"HIDE"（消隐）→空格，结果如图 13-14b 所示；

10）单击▢图标，回到世界坐标系，对两实体进行一点对齐，单击"三维对齐"▢图标→选定圆台→空格→点取圆台上表面圆心→"C"→空格→选取零件上表面圆心→"X"→空格→"HIDE"（消隐）→空格，如图 13-15 所示；

11）单击布尔运算◯◯图标→选定大实体→空格→选定小实体→空格→"HIDE"→空格，

结果如图 13-16a 所示；

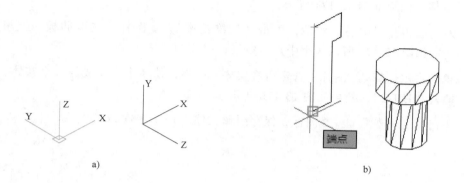

图 13-14　绘制台阶孔（一）

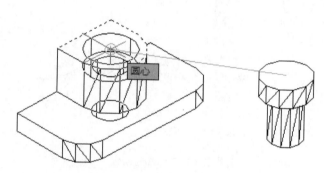

图 13-15　绘制台阶孔（二）

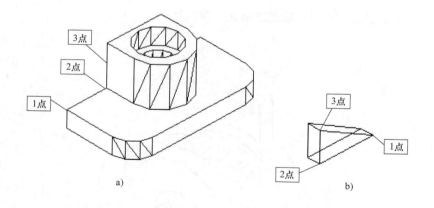

图 13-16　绘制台阶孔（三）

12）绘制两侧肋板：单击"建模"面板上的"楔体" 图标→任意点取一点为起点→
"L"→空格→"30"→空格→"8"→空格→"20"→空格；

13）将肋板与零件进行三点对齐：单击"三维对齐" 图标→选定肋板→空格→点取

三角形 3 个角点，如图 13-16b 所示→点取零件表面 3 个点，如图 13-16a 所示→"HIDE"（消隐）→空格，结果如图 13-17a 所示；

14）左右肋板相对中心面对称，单击"三维镜像" 图标→选取肋板→空格→"3"→空格→选取如图 13-17a 所示 3 个中点→空格；

15）单击布尔运算 图标→选定所有实体→空格，使 3 个实体成为一个实体，选择消隐方式，输入"HIDE"，效果如图 13-17b 所示；

16）单击"工具栏"上 图标，保存图形文件"13-1 零件 . dwg"。

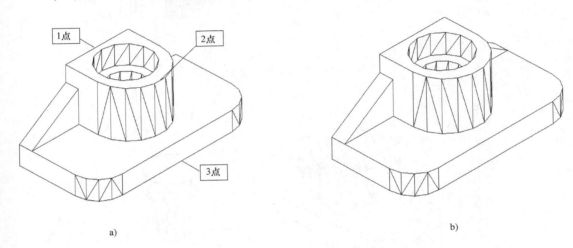

a)   b)

图 13-17　绘制肋板

13.7　项目拓展

根据图 13-18 和图 13-19 所示轴测图创建三维实体。

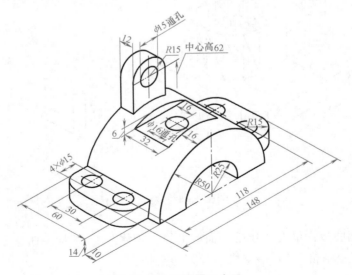

图 13-18　拓展题三十五

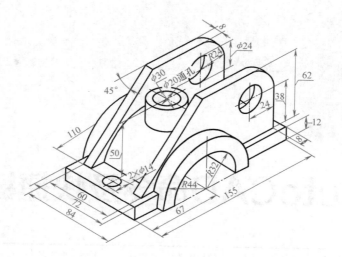

图 13-19　拓展题三十六

AutoCAD命令及快捷键

图标	命令中文名	命令英文名	快捷键	图标	命令中文名	命令英文名	快捷键
绘图							
	直线	Line	L		创建块	BLOCK	B
	构造线	Xline	XL		点	POINT	PO
	多段线	PLINE	PL		图案填充…	HATCH	H、BH、-H
	多边形	POLYGON	POL		渐变色…	GRADIENT	
	矩形	RECTANG	REC		面域	REGION	REG
	圆弧	ARC	A		表格…	TABLE	
	圆	CIRCLE	C		多线	MLINE	ML
	修订云线	REVCLOUD			圆环	DONUT	DO
	样条曲线	SPLINE	SPL		定数等分	DIVIDE	DIV
	椭圆	ELLIPSE	EL		定距等分	MEASURE	ME
	椭圆弧	ELLIPSE			三维多段线	3DPOLY	3P
	块				边界	BOUNDARY	BO、-BO

（续）

图标	命令中文名	命令英文名	快捷键	图标	命令中文名	命令英文名	快捷键
				修改			
	删除	ERASE	E		延伸	EXTEND	EX
	复制	COPY	CO、CP		打断于点	BREAK	BR
	镜像	MIRROR	MI		打断	BREAK	BR
	偏移	OFFSET	O		合并	JOIN	
	阵列...	ARRAY	AR、-AR		倒角	CHAMFER	CHA
	移动	MOVE	M		圆角	FILLET	F
	绕基点旋转对象	ROTATE	RO		分解	EXPLODE	X
	按比例缩放物体	SCALE	SC		拉长	LENGTHEN	LEN
	拉伸	STRETCH	S		三维阵列	3DARRAY	3A
	修剪	TRIM	TR		对齐	ALIGN	AL
				标注			
	线性标注	DIMLINEAR	DLI		基线	DIMBASELINE	DBA
	对齐线性标注	DIMALIGNED	DAL		连续	DIMCONTINUE	DCO
	弧长	DIMARC	DAR		快速引线	QLEADER	LE
	坐标	DIMORDINATE	DOR		公差...	TOLERANCE	TOL
	半径	DIMRADIUS	DRA		圆心标记	DIMCENTER	DCE
	折弯	DIMJOGGED	DJO		编辑标注	DIMEDIT	DED
	直径	DIMDIAMETER	DDI		编辑标注文字	DIMTEDIT	
	角度	DIMANGULAR	DAN		标注更新	-DIMSTYLE	
	快速标注	QDIM			标注样式...	DIMSTYLE	D、DST
	重新关联标注	DIMREASSOCIATE	DRE		替代	DIMOVERRIDE	DOV
	删除选定标注的关联性	DIMDISASSOCIATE	DDR				

（续）

图标	命令中文名	命令英文名	快捷键	图标	命令中文名	命令英文名	快捷键
					标准		
	新建	QNEW	Ctrl+N、N			REDO	
	打开…	OPEN	Ctrl+O		实时平移	PAN	P、−P
	保存	QSAVE	Ctrl+S		实时缩放	ZOOM	Z+空格+空格
	打印…	PLOT	PRINT、Ctrl+P		缩放	ZOOM	Z
	打印预览	PREVIEW	PRE		缩放上一个	zoom _p	Z+P
	发布…	PUBLISH			对象特性	PROPERTIES	CH、MO、PR、Ctrl+1、−CH
	剪切	CUTCLIP	Ctrl+X		设计中心	ADCENTER	DC、ADC、Ctrl+2
	复制	COPYCLIP	Ctrl+C		工具选项板窗口	TOOLPALETTES	TP、Ctrl+3
	粘贴	PASTECLIP	Ctrl+V		图纸集管理器	SHEETSET	Ctrl+4
	特性匹配	MATCHPROP	MA		标记集管理器	MARKUP	Ctrl+7
	块编辑器	BEDIT			快速计算器	QUICKCALC	Ctrl+8
		UNDO	Ctrl+Z		帮助	HELP	
	清理	PURGE	PU、−PU		数据库连接	DBCONNECT	DBC、Ctrl+6

（续）

图标	命令中文名	命令英文名	快捷键	图标	命令中文名	命令英文名	快捷键
对象捕捉							
	临时追踪点	TT			捕捉到切点	TAN	
	捕捉自	FROM	FRO		捕捉到垂足	PER	
	捕捉到端点	ENDP	END		捕捉到平行线	PAR	
	捕捉到中点	MID			捕捉到插入点	INS	
	捕捉到交点	INT			捕捉到节点	NOD	
	捕捉到外观交点	APPINT			捕捉到最近点	NEA	
	捕捉到延长线	EXT			无捕捉	NON	
	捕捉到圆心	CEN			对象捕捉设置	OSNAP	OS、-OS
	捕捉到象限点	QUA			捕捉（规定光标按指定的间距移动）	SNAP	SN
文字							
	多行文字…	MTEXT	MT、T		文字样式…	STYLE	ST
	单行文字	TEXT	DT		比例	SCALETEXT	
	编辑…	TEXTEDIT	ED		对正	JUSTIFYTEXT	

参 考 文 献

［1］ 王谟金，等. AutoCAD 2005（中文版）机械制图与实训教程［M］. 北京：机械工业出版社，2016.

［2］ 刘小群. AutoCAD 制图实训（机械类）［M］. 北京：北京理工大学出版社，2010.

［3］ 郭维昭. 机械制图习题集［M］. 北京：机械工业出版社，2017.